调皮的小行星

融媒体版

李明涛 著

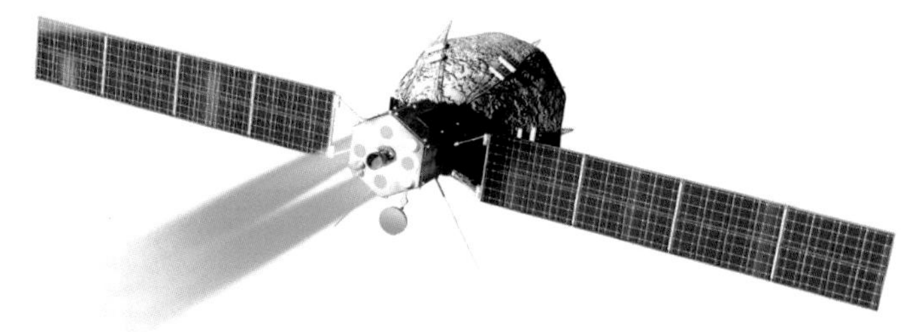

海燕出版社
·郑州·

图书在版编目（CIP）数据

调皮的小行星：融媒体版 / 李明涛著. — 郑州：海燕出版社，2023.12（2024.2重印）
ISBN 978-7-5350-9372-1

Ⅰ.①调… Ⅱ.①李… Ⅲ.①小行星－青少年读物 Ⅳ.①P185.7-49

中国国家版本馆CIP数据核字（2023）第241136号

调皮的小行星
TIAOPI DE XIAOXINGXING

出 版 人：李　勇　　责任印制：邢宏洲
策划编辑：王茂森　　责任发行：贾伍民
责任编辑：王茂森　　封面设计：李可奇
责任校对：屈　曜　康若怡　　版式设计：王金磊

出版发行：海燕出版社
地址：河南自贸试验区郑州片区（郑东）祥盛街27号
网址：www.haiyan.com　邮编：450016
发行部：0371-65734522　总编室：0371-63932972
经　销：全国新华书店
印　刷：郑州市毛庄印刷有限公司
开　本：787毫米×1092毫米　1/16
印　张：17
字　数：280千字
版　次：2023年12月第1版
印　次：2024年2月第2次印刷
定　价：48.00元

前 言

2018年，我组织团队开展小行星防御领域的研究，常被问到“担心小行星撞击地球是不是杞人忧天？”“小尺寸小行星没必要防御，大尺寸小行星防御不了，是否选择躺平？”等问题。为了解疑答惑，我在《人民日报》等媒体上发表了系列科普文章，得到了读者的好评、朋友的认可、领导的鼓励，这让我认识到了科普的意义。然而，这些文章的主要阅读对象并非青少年。因此，当海燕出版社邀请我写一本面向青少年的科普图书时，我倍感压力。如果把写一篇文章比成做“一道好菜”，那写一本书无疑是做一桌“满汉全席”，而且要适合青少年的“口味”。

在这本书里，我到底应该告诉青少年什么？如果用一句话描述，我觉得就是“小行星与我们星球的过去、现在和未来”。我希望以小行星为主线，讲述我们星球的故事：过去，我们的星球从哪里来？现在，我们生活的星球安全吗？未来，我们的星球将走向何方？

本书开篇讲述宇宙如何从大爆炸启动，恒星、太阳、行星、小行星如何形成，以及生命如何起源、繁衍、更替，小行星在这些宏大过程中扮演怎样的角色等，希望由此让青少年建立较为完整的宇宙观。人类所有的喜怒哀乐在宇宙中都是沧海一粟。胸怀宇宙的孩子，眼界更加高远，心胸更加开阔，人生格局必定会更加宽广。

从地球历史上看，小行星一定会撞击地球，这是一个大概率事件。要了解我们星球的安全环境，就必须了解小行星的运行规律，以及如何监测小行星、如何研判小行星撞击风险、如何评估小行星撞击灾害等知识。希望书中这部分内容能够唤起青少年保卫地球家园的责任感。只有心怀责任，掌握知识，才能在遇到困难和挑战时不轻易放弃，勇于面对。这正是我们守护地球家园的不可或缺之力。

我们的星球将走向何方？这取决于我们如何对待那些潜在的天外来客。我们必须积极寻找防御小行星的有效方法，并定期进行应对小行星撞击风险的演练。

此外，本书还介绍了小行星上蕴藏的宝贵资源、我国在小行星防御方面的战略规划等知识。希望这些内容能够引导青少年去思考如何对小行星“趋利避害”，激励青少年投身科研事业，成为新一代“地球守门人”。

这本书不仅向青少年普及了小行星的科学知识，更挖掘了科学发现背后的传奇故事。书中讲述了哈勃如何洞察宇宙膨胀的奥秘、两位不知名的工程师如何意外发现了宇宙微波背景辐射等故事。这些科学故事旨在激发孩子们对科学的热爱和好奇心，弘扬科学精神，启迪科学思维。

本书不仅适合青少年，也适合家长陪伴孩子共同阅读。闲暇时光，跟孩子共同探索宇宙的奥秘，一定是温馨而又浪漫的事情。

星光不负赶路人，胸怀宇宙天地宽。漫漫征途，始于足下。无论时光永恒或者短暂，期待能与读者携手并肩，仰望星空追梦，脚踏实地进步，共同创造我们这颗浩瀚太空中蓝色星球的美好未来。

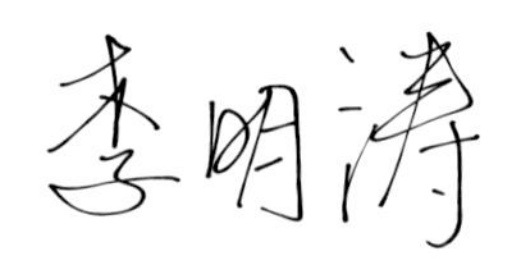

目　录

第五章

第六章

附录

第一章

小行星的“前世今生”

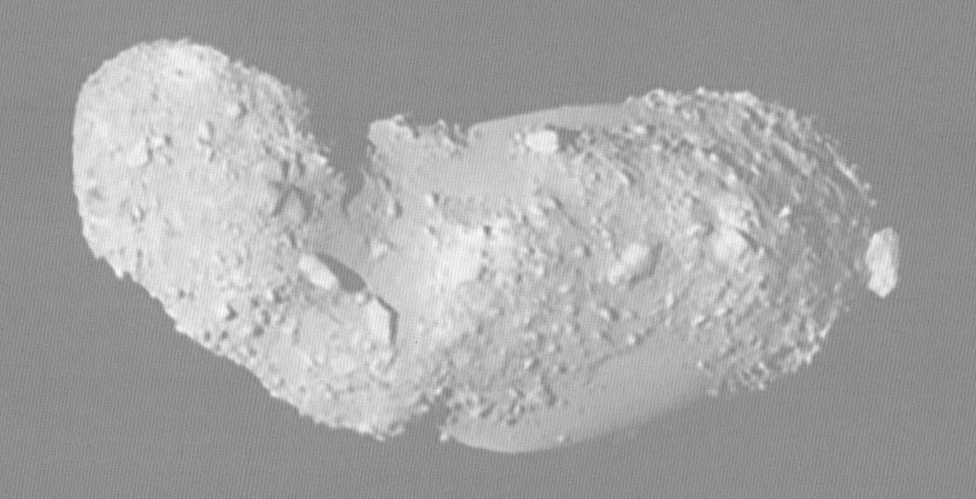

知识链接

公转

一个天体环绕另一个天体为中心的轨道运动称为公转。

在太阳系中，八大行星、矮行星、小行星和彗星都环绕太阳做公转运动，轨道形式可能为圆、椭圆、抛物线或者双曲线。

行星的卫星环绕行星做公转运动，比如月球环绕地球做公转运动，木星的卫星环绕木星做公转运动。

地球环绕太阳公转一圈被定义为一个地球年；而月球环绕地球公转一圈对应阴历一个“月”。

在浩瀚的太阳系中，围绕太阳公转的不仅有八大行星，还有千千万万个头不等、形状各异、运行轨道不同的小行星。这些小行星在装点太空的同时，也带来了撞击地球的风险和隐患。

它们是太阳系的“时间胶囊”，封存着太阳系诞生的密码；它们价值连“球”，蕴藏着宝贵的资源财富；它们可能携带曾经孕育生命的“种子”，也曾经带来地球的生命浩劫与物种更替；如今，它们在太阳系中星罗棋布，经历数十亿年的守望，等着我们去探索和采撷。

它们从哪里来？与地球有哪些“相爱相杀”的往事？未来还将如何影响人类在地球上的生存？

故事要从 138 亿年前开始。

第一节　宇宙大爆炸

大约 138 亿年前，一场轰轰烈烈的宇宙级“烟花”正在上演，一个温度无穷高、体积无穷小、质量无穷大的“奇点”发生了爆炸（图 1-1），时间和空间从此诞生，炽热的能量和无穷的物质从“奇点”中迸发，势不可挡地滚滚向前，向远方膨胀，经过漫长的演化，形成了我们今天的宇宙。

这个“奇点”就是宇宙形成的起点，它无限小，比我们能想象的任何东西都要小得多，却蕴含了整个宇宙中全部的物质和能量。我们今天宇宙中所有的一切，无论是山川、日月、星辰，还是我们身体内的各个器官，从物质起源的角度，都可以追溯到这个大爆炸“源点”。

图 1-1 宇宙大爆炸

在宇宙大爆炸之初，宇宙温度极高，好像一锅沸腾的浓稠粒子汤，光子、电子、质子无时无刻不在发生碰撞。这时的宇宙看起来像一团灿烂夺目的浓雾。

大爆炸 38 万年后，随着宇宙的膨胀，温度降低到约 3 000 开尔文，电子和质子从躁动中安静下来，结合成更稳定的原子和分子。在大爆炸之初的短暂绚烂之后，宇宙进入黑漆漆的漫漫长夜，这个时期被称为黑暗时代（图 1-3）。

知识链接

物质的构成

物质由分子和原子构成。分子由原子按照一定结构排列组成。原子由原子核和绕原子核运动的电子组成。原子核由质子和中子组成（图 1-2）。电子是带负电的基本粒子。质子带正电荷，中子不带电荷。

光子：组成光的基本单位。

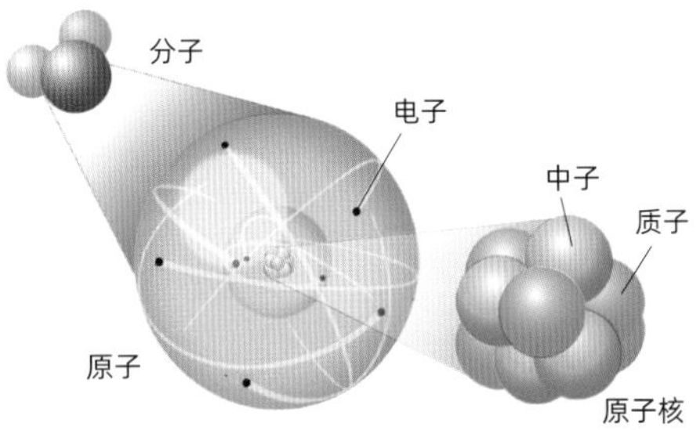

图 1-2 物质基本组成

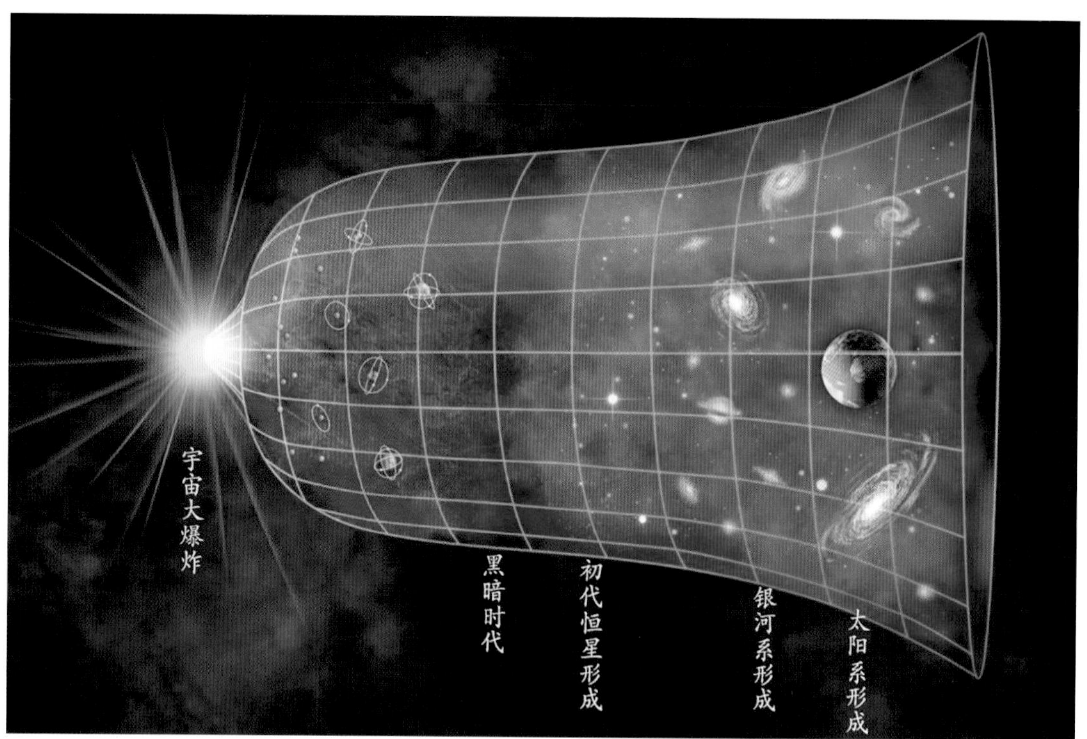

图 1-3 宇宙的形成与早期演化

知识链接

开尔文

开尔文为热力学温标或称绝对温标，是国际单位制中的温度单位，简称“开”。热力温度将绝对零度作为起点，而摄氏温度将水冰混合物的温度作为起点。两者数值相差273.15。以水为例，摄氏温度为 0 摄氏度时，热力学温度为 273.15 开。

黑暗不是静止，孕育恒星的暗流在黑暗中涌动。大爆炸以雷霆万钧之势将物质势不可挡地推向远方。有些区域分子更为密集，在万有引力作用下，分子聚集成云团，形成巨型分子云，恒星将从分子云中诞生。早期宇宙的物质包括大量氢（约 75%）、少量氦（约 25%）和微量锂。其他元素的合成，还要等待恒星这个“炼金术大熔炉”诞生。

图 1-4 哈勃空间望远镜

揭秘：宇宙膨胀与大爆炸理论的发现

世界上最有名的望远镜非哈勃空间望远镜莫属，我们看到的很多惊艳的宇宙大片，都来自哈勃空间望远镜（图 1-4）。

埃德温•哈勃（图 1-5）是一名伟大的天文学家，他首次发现了银河系外还有星系，终结了宇宙边界的争论，他首次测量出宇宙正在膨胀，为提出宇宙大爆炸理论奠定了基础。1980 年，这台研制中的太空望远镜以哈勃的名字命名，不仅是向哈勃伟大的科学发现致敬，也是对哈勃望远镜未来的科学发现寄予美好祝愿。

图 1-5 埃德温•哈勃

在 100 多年前，人类还相信银河系就是宇宙的全部。只有一小部分人认为银河系之外还存在其他星系。为了追寻宇宙边界的真相，1923 ～ 1924 年期间，哈勃利用当时口径最大的反射望远镜勤奋地开展了大量天体测量工作。在当时，想精确测量天体与地球之间的距离还是一个难题。

哈勃测量了一类特殊天体与地球之间的距离，这类特殊天体就是造父变星，也被称为量天尺。

哈勃在对仙女座大星云和 M33 星系观测的时候，发现其边缘的造父变星与地球的距离均远超银河系的直径，因此可以判断，它们不可能位于银河系中。至此，关于宇宙和银河系之间关系的争论，彻底画上了句号，而星系天文学也就此奠基，哈勃也被称为“星系天文学之父”。

实际上，当时银河系直径的数据、哈勃测量的造父变星与地球的距离数据都并不准确，但不妨碍银河系之外还有星系的结论成立。难怪有人说，在重大科学发现面前，不要太纠结细节。

1915 年，爱因斯坦（图 1-6）提出了著名的广

知识链接

造父变星

造父变星是一类亮度会周期性变化的天体，并且亮度变化周期与其绝对星等相关，通过绝对星等与观测亮度之间的关系，可以解算出造父变星与地球之间的距离。

绝对星等

由于恒星距离地球远近不等，因此在地球上直接测量的恒星亮度并不能直接反映恒星的真实亮度。天文学上，假设把恒星放在距离地球 32.6 光年处时，测算得到的恒星亮度定义为绝对星等，反映了恒星的真实发光能力。

图 1-6　爱因斯坦

义相对论。但在审视自己的成果时，爱因斯坦有一个惊人的发现：宇宙竟然是在不断膨胀的。就像其他天文学家相信银河系就是整个宇宙一样，爱因斯坦信奉宇宙是恒定不变的。为此，他不惜在广义相对论中添加一个假设的常数，用来“修正”让宇宙维持不变。

哈勃在终结了宇宙边界之争后，转而展开对河外星系红移现象的研究。哈勃观察到，地球以外的星体所发出的光谱在向红色方向移动，这说明它们正在远离地球。他思考后得出的结果是：宇宙在膨胀。所以河外星系随着宇宙空间的膨胀而远离我们。这就好像你在气球上画几个圈，随着气球越来越大，这些圈之间的距离就会越来越远。爱因斯坦也不得不接受现实，承认宇宙是膨胀的。最终，他在广义相对论中去掉了这个“画蛇添足”的宇宙常数，并无奈地承认，这是他“一生犯的最大的错误”。

既然宇宙在膨胀，那么，如果我们沿着时间倒退回去，宇宙的过去肯定要比今天小。当退回到遥远过去的宇宙开始存在的某个时刻，宇宙一定是个非常小且密度非常大的物质团。1932 年，比利时科学家勒梅特从宇宙膨胀论出发，提出整个宇宙的物质最初聚集在一个“宇宙蛋”里，当“宇宙蛋”发生了爆炸，碎片飞散开去，便形成了今天的宇宙。

1948 年，美籍俄裔物理学家伽莫夫提出了宇宙大爆炸理论的“原始火球模型”：宇宙最初是个高温、高密度的“原始火球”，爆炸膨胀产生的各种元素四散而形成今天宇宙中的各种物质。由于当时缺乏天文观测证据的支持，大爆炸理论渐渐被人们遗忘。

大爆炸产生了可见光和红外波段的辐射，由于宇宙的膨胀，波长发生了红移，它们目前正处于微波波段上。所以，今天我们的宇宙都沐浴在一片微波辐射之中，人们形象地把这种辐射称为“宇宙背景辐射”。1964 年 5 月，美国贝尔实验室的两位工程师——彭齐亚斯和威尔逊（图 1-7）在测试一套新型天线接收系统时，发现始终存在某种微弱的噪声。无论他们如何改进仪器，都不能消除这个噪声。1965 年初，他们无意中从普林斯顿大学物理学教授皮布尔斯关于“宇宙大爆炸起源会产生微波噪声”的预言中得到启示，证实他们所观测到的正是宇宙微波背景辐射，从而使得宇宙大爆炸理论获得了新生。

1978 年，彭齐亚斯和威尔逊获得了诺贝尔物理学奖。遗憾的是，最初提出宇宙大爆炸理论的伽莫夫却与诺贝尔奖无缘。发现宇宙膨胀的哈勃也同样没有获得诺贝尔奖，但不妨碍哈勃是人类有史以来最伟大的天文学家之一，也不妨碍他被后世铭记。

图 1-7　彭齐亚斯（右）和威尔逊（左）

第二节 恒星的形成

分子云是孕育恒星的摇篮。当分子云的体积和质量大到一定程度时，万有引力会导致分子云发生坍塌。边缘的物质向分子云中间聚集，越聚越多，又吸引了更多物质向中间聚集，分子云核心的温度越来越高，压力越来越大，当超过 1 000 万开尔文的临界温度时，核聚变就发生了，4 个氢原子结合成 1 个氦原子，同时释放出大量能量，以光的形式辐射出去，就形成了第一代恒星（图 1-8）。

从此宇宙被星光点亮，迎来了宇宙的黎明时代。星星点点的恒星汇聚成星系。今天的宇宙拥有超过千亿个星系，而每个星系拥有上亿颗恒星。银河系只是宇宙中一个极为普通的星系，而太阳只是银河系中一颗普通的恒星。

恒星是个炽热的“大熔炉”，在恒星内部高温高压环境下，“炼金术”

图 1-8 恒星从分子云中诞生

正在发生：氢原子合成氦原子，氦原子合成碳原子，碳原子与氦原子合成氧原子……通过核聚变过程将氢原子源源不断地合成为更重的元素。合成越重的元素，需要越高的温度和压力，恒星内部的温度和压力只足以合成铁元素（26 号），金、银等更重的元素还需要超新星爆发这个“宇宙超级烟花”合成。

形成第一代恒星的分子云浓度很高，第一代恒星往往质量很大，约相当于 10 个甚至成百上千个太阳的质量。这也意味着第一代恒星内部压力更大、温度更高、核聚变过程更加剧烈，恒星发动机的燃料——氢，会在更短的时间内被消耗殆尽。一般来说，第一代恒星的寿命不超过 1 000 万年。

当第一代恒星不可避免地走向生命终点时，恒星核心的核聚变终止，再也没有巨大的辐射压抵御引力的压缩，在巨大的引力作用下，恒星外围物质以几乎自由落体的方式砸向核心，引发剧烈的爆炸，这就是超新星爆发（图 1-9）。超新星爆发会形成超过 1 000 亿开尔文的超高温度和超高

图 1-9　超新星爆发

压力，金、银等重元素得以在这种极端高温高压的环境下形成。就像一场绚烂的烟花，超新星爆发将恒星合成的重元素抛向宇宙空间，再次形成一团巨大的分子云。未来，一颗新的恒星将在这团分子云中再次孕育。

恒星的一生，从分子云开始，到分子云结束，在这个过程中，将氢和氦改造成碳、氮、氧、钙、镁、铁、金、银等。这些元素构成了我们的山川，也构成了我们的骨骼、肌肉和血液。我们身体的每个元素，都曾经在恒星的熔炉里燃烧过，我们都是星尘，我们都是恒星的孩子。

第一代恒星形成时的物质成分主要是氢和氦，缺乏重元素。因此第一代恒星无法拥有固态的类地行星，也无法繁衍出生命和文明。第一代恒星轰轰烈烈谢幕后，在这个基础上诞生的第二代、第三代恒星，拥有了可以形成类地行星的重元素，这才有了繁衍生命和文明的基础。

第三节　太阳的诞生

大约 46 亿年前，在银河系的猎户座悬臂上，距离银河系中心 2.6 万光年处，一个不起眼的角落里，一团气体和尘埃组成的巨型星际分子云正在缓慢旋转（图 1-10）。这团星云

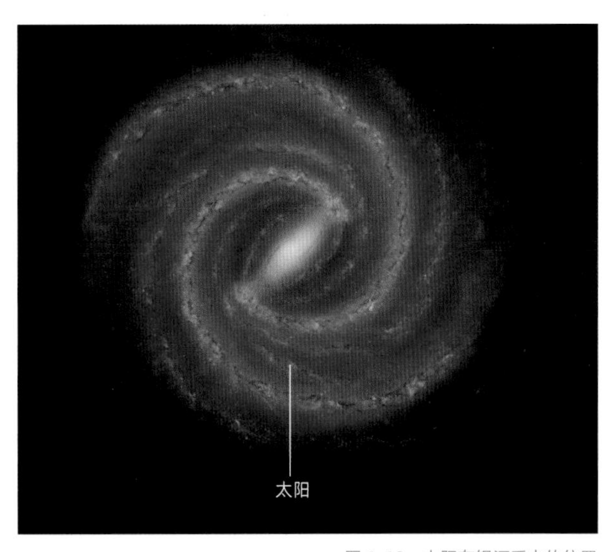

图 1-10　太阳在银河系中的位置

是一颗恒星走到生命终点、变成超新星喷发的产物。这颗恒星是太阳的“前世”恒星，恒星“炼金术熔炉”和随之而来的超新星爆发，为这团星云提供了足够多的重元素。

也许是万有引力的作用，也许恰好附近有一颗超新星爆发扰动了这团星云，无数的气体和尘埃开始向星云中间凝聚，万有引力加速了星云凝聚过程。这团星云中 99.86% 的物质像雪花一样纷纷坠向星云核心。强大的势能转化为动能和热能，星云核心温度越来越高，压力也越来越大，点燃了核反应。氢原子通过核聚变合成为氦原子，释放出巨大的能量，以光的形式向外辐射，从此一颗名为太阳的恒星诞生了。

气体和尘埃向星云核心凝聚的同时，星云外围的物质加速旋转。这个过程好比一个花样滑冰运动员，在紧抱双臂时，会加速旋转。在引力和旋转离心力作用下，云团变得扁平，一部分气体和尘埃残留在一层薄薄的盘面上，这个盘面就是太阳的原行星盘（图 1-11）。我们的地球，我们仰观的行星、

图 1-11 太阳的原行星盘

矮行星和小行星、彗星都诞生于这个原行星盘中。

第四节　行星的形成

太阳诞生后，太阳光辐射和太阳风不停吹拂原行星盘中的物质。原行星盘中靠近太阳的区域，水冰和气体被蒸发，向外吹拂，留下坚硬、干燥的尘埃和岩石。在靠近太阳的区域，存在一道被称为“烟线”的天然分界线。烟线内侧的温度高，水分和碳化物无法存在，形成的行星主要成分是岩石和金属。而烟线的外侧温度稍低，形成的行星中包含了碳化物，为生命起源提供了物质基础。距离太阳约 4 亿千米处，存在另外一道天然的分界线，被称为雪线。雪线内侧，水以液态和气态存在。雪线外侧，水主要以冰的形式存在。

原行星盘中的气体和尘埃，在碰撞、引力和静电力吸附作用下，发生了融合，尘埃粒子成长为卵石，卵石成长为岩石。当岩石直径超过 1 千米时，引力吸积作用更加显著，岩石就像滚雪球一样，不断吸积周围的尘埃颗粒，越滚越大，成长为星子。星子的直径可达几十到几百千米。

图 1-12　雪线内外

当星子形成后，引力开始占据主导作用。星子之间碰撞后，往往会在引力作用下，融合成一个更大的星子。更大的星子不断吸引较小的星子、岩石、卵石和尘埃等颗粒，迅速成长，吸收了所在轨道上的物质，形成行星胚胎。

行星胚胎会继续吸收轨道上的星子、岩石和尘埃等，进一步形成像地球一样的类地行星。如果行星胚胎成长足够快、足够大，还能够吸收原行星盘中的大量氢气，成长为像木星一样的气态行星（图 1-13）。

在太阳系形成之初，可能存在不止 8 个行星胚胎，它们的轨道位置也与今天八大行星的轨道位置不同。行星胚胎之间相互碰撞、吸积、重聚，轨道随之发生迁移，经过漫长的演化，最终形成了今天的八大行星。

在雪线内侧，固态物质占主导，形成了 4 颗具有固态岩石表面的类地行星——水星、金星、地球和火星。我们的地球所在的位置得天独厚，距离太阳远近适中，拥有固态岩石表面，水可以保持为液态。这些条件为孕育生命和文明奠定了得天独厚的条件。

在雪线外侧，气体和水冰占主导，形成了 4 颗由气体构成行星表面的气态行星——木星、土星、天王星、海王星。由于外太阳系物质更为充沛，

图 1-13 行星的早期形成过程

气态行星的个头比固态行星要大得多。

木星是雪线之外形成的第一颗行星，它不仅吸积了它轨道上的原行星盘中的物质，也吸积了太阳风向外吹拂的内太阳系的气体和水冰，甚至它还“贪吃”地吸收了火星轨道处的物质，快速地成长为太阳系的行星之王。它的质量比太阳系中所有的行星加起来还要大，相当于318个地球那么大。

一、类地行星

1.“度日如年”的水星

水星是距离太阳最近的行星（图1-14），也是轨道最扁的行星。水星的近日点距离太阳约为0.3075个天文单位，远日点距离太阳约为0.4667个天文单位。水星的公转速度是所有行星中最快的，因此古罗马人以神话里的“神行太保”——信使神墨丘利（Mercury）命名它。

1个水星年相当于88个地球日，而水星每58.646个地球日才完成1周自转。也就是说1个水星年，水星

知识链接

天文单位

1个天文单位等效地球与太阳的平均距离，约1.496亿千米。

水星年

水星绕太阳公转1周称为1个水星年。

地球日

地球日为地球上一个昼夜，24小时。

图1-14　水星

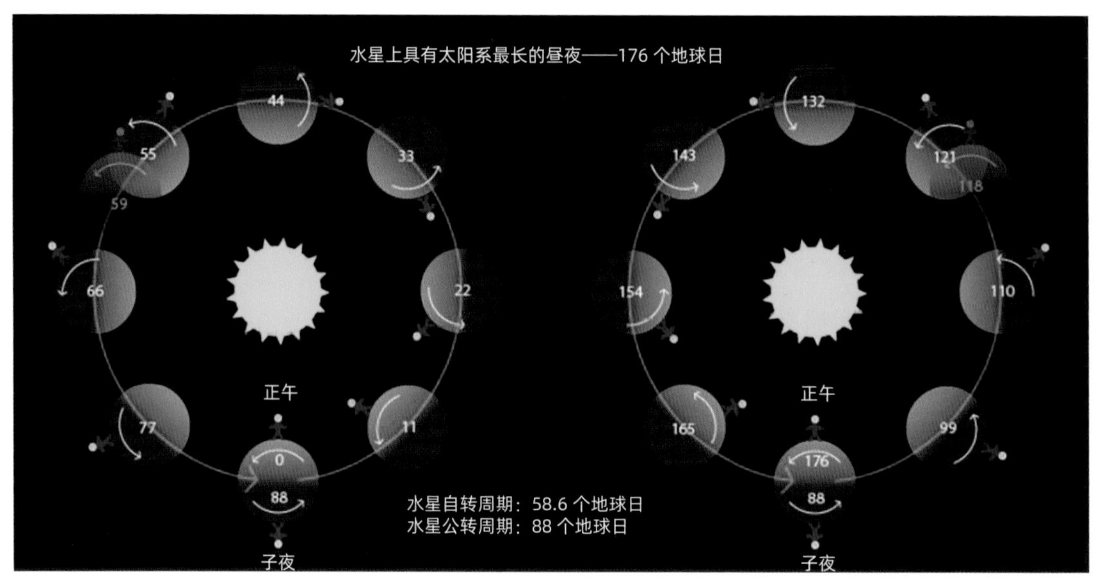

图 1-15 水星的昼夜

知识链接

自转

自转是物体自行旋转的运动，行星的自转带来昼夜变化。自转被用来定义“天”。

地球自转轴与公转轴存在约 23° 26' 的夹角，导致了地球随着环绕太阳公转而产生春夏秋冬的四季变化。

完成 1.5 周自转，才度过了水星“半天”。2 个水星年，水星完成 3 周自转，才度过了水星的“1 天”。因此水星上“1 天”，相当于“2 年”，真可谓是“度日如年”啊！

水星的地形地貌与月球较为相似，表面遍布陨石坑。由于没有稠密的大气层作为保温层，夜间和白天的温度呈现“冰火两重天”。水星正午时分，地表温度高达

427 ℃，而夜间温度会降至 −173 ℃，目前在水星上没有发现水存在的确切证据，但在水星两极的永久阴影区，不排除有水冰的存在。

2. 地球的“邪恶双胞胎”——金星

金星是距离太阳第二近的行星，也是与地球距离最近的行星（图 1-16），与地球共同处于太阳系的宜居带内。金星在中国古代被称为启明星与长庚星，当其出现在破晓前被称为启明星，当其出现在日落后被称为长庚星。金星也是人类在地球上能够看到的最亮的星星之一，因此被许以美好的祝愿。西方用古罗马神话中爱与美的女神维纳斯为其命名。但对其进行更多探测后，科学家发现，相比于地球的勃勃生机，金星简直是地狱，被称为地球的“邪恶双胞胎”。

图 1-16　金星

金星大气层浓密，表面大气压是地球表面大气压的 92 倍，相当于地球 1 000 米深海的压力，人如果没有着保护装备身处其中，会瞬间被压成肉饼。金星的大气层中弥漫着温室气体，二氧化碳占据 97%，因此，其表面

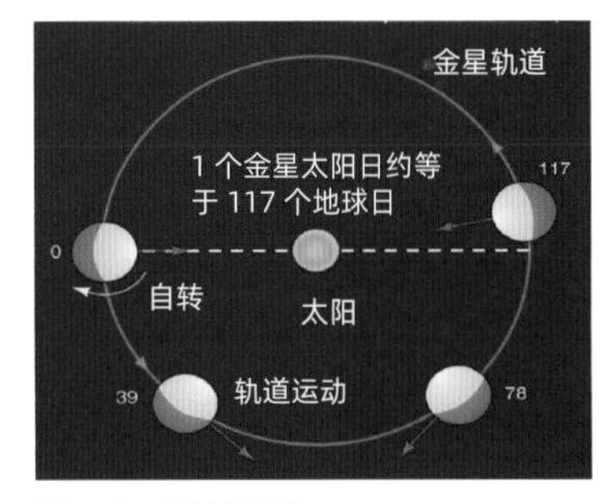

图 1-17 金星的昼夜

知识链接

太阳日

太阳连续两次经过行星同一经线的时间间隔为 1 个太阳日。

恒星日

某颗遥远恒星连续两次经过一行星上同一经线的时间间隔为 1 个恒星日。

行星的自转周期对应一个恒星日；行星的一个昼夜（1“天”）对应一个太阳日；行星的公转周期为 1“年”。

由于行星同时存在自转和公转，因此太阳日和恒星日是不同的。比如地球的太阳日为 86400 秒；而地球的恒星日为 86164 秒。

温度高达 462 ℃，而最低温度比水星最高温度还要高，并且时常降落具有强腐蚀性的酸雨。如此恶劣的环境，使得人类探测器很难抵达金星表面。

金星的大小与地球相当，半径大约 6 051 千米，1 个金星年相当于 224.7 个地球日。金星自转 1 周大约 243 个地球日，金星上 1“天”（昼夜）约 117 个地球日。与太阳系中其他行星不同，金星自转方向自东向西，有观点认为金星在形成后曾经遭遇其他天体的撞击，改变了自转方向。因此，在金星上，太阳是从西边出来的。由于自转缓慢，如果你在金星上大步流星向太阳走去，就可以实现太阳永不落。

1961 ～ 1985 年，苏联对金星开展了大量探测，包括释放着陆器在金星表面开展短暂探测。欧洲空间局（ESA）在 2005 年发射了金星快车探测器。近年来，由于在金星大气层中发现了生命可能存在的迹象，金星探测又重新成为热点。2021 年美国国家航空航天局（NASA）宣布，未来十年内将向金星发射两个探测器：用于绘制金星表面的轨道探测器和进入金星大气层开展探测的大气层探测器。我国科学家也在论证金星探测计划。

3. 天之骄子——地球

地球是宇宙中我们所知唯一具有生命的行星。毫无疑问，地球是太阳系中的天选之子，有着最适合孕育生命的环境。

我们的宿主恒星——太阳是第二代或者第三代恒星。形成太阳的星云中含有足够的重元素，这为形成类地行星、孕育生命、发展工业文明奠定了重元素的物质基础。

太阳的大小也非常合适，目前太阳处于稳定燃烧的主序星阶段，对氢的消耗速度可以确保太阳稳定燃烧百亿年，为地球孕育生命提供足够长的稳定环境。

地球与太阳的轨道距离也非常合适，处于宜居带中（图 1-18），足以保持地表存在液态水。如果太近，热

知识链接

主序星

主序（Main Sequence）在天文学上是指恒星的青壮年时期，处于主序阶段的恒星被称为主序星。目前，太阳就是一颗主序星，还有大约 50 亿年太阳才会退出主序阶段。主序星向外膨胀和向内收缩的两种力大致平衡，基本上既不收缩也不膨胀，为生命诞生和繁衍提供了稳定的辐射条件。

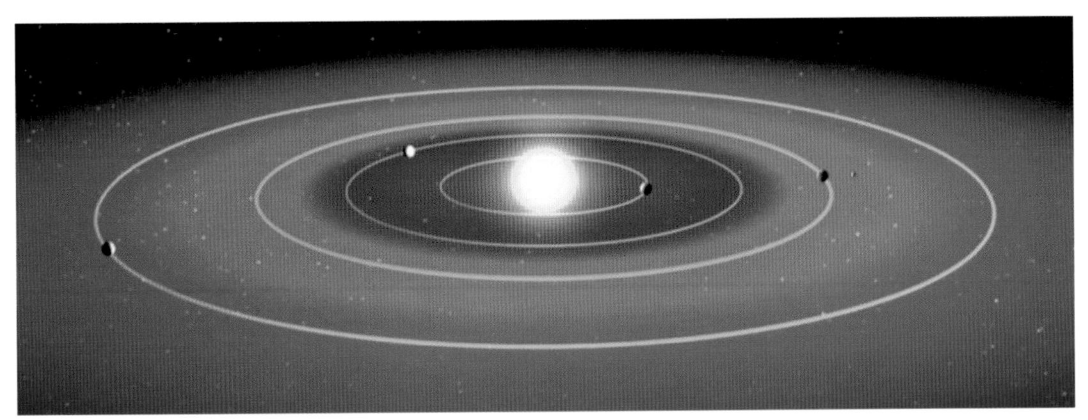

图 1-18 地球处于宜居带中

辐射过于强烈，会蒸发掉地球表面的水；恶劣的太阳风和粒子辐射环境，也会对生命造成伤害。如果太远，太阳光过于微弱，过于寒冷的环境无法为生命提供足够的能源，也无法拥有液态海洋。

地球的大小也刚好合适，使其拥有液态内核，从而形成强大的磁场（图 1-19），可以屏蔽掉大部分的太阳风等离子体和宇宙射线。否则，我们的地球可能像火星一样，太阳风可以长驱直入，将地球上的液态水和大气吹拂殆尽，地球表面将变成像火星一样的荒原。

知识链接

宜居带

指恒星周围水能够以液态形式存在的一定距离范围。由于液态水被科学家们认为是生命生存所不可缺少的条件，因此如果一颗行星恰好落在这一范围内，那么它就被认为有更大的机会拥有生命或至少拥有生命可以生存的环境。

行星处于宜居带与行星上存在

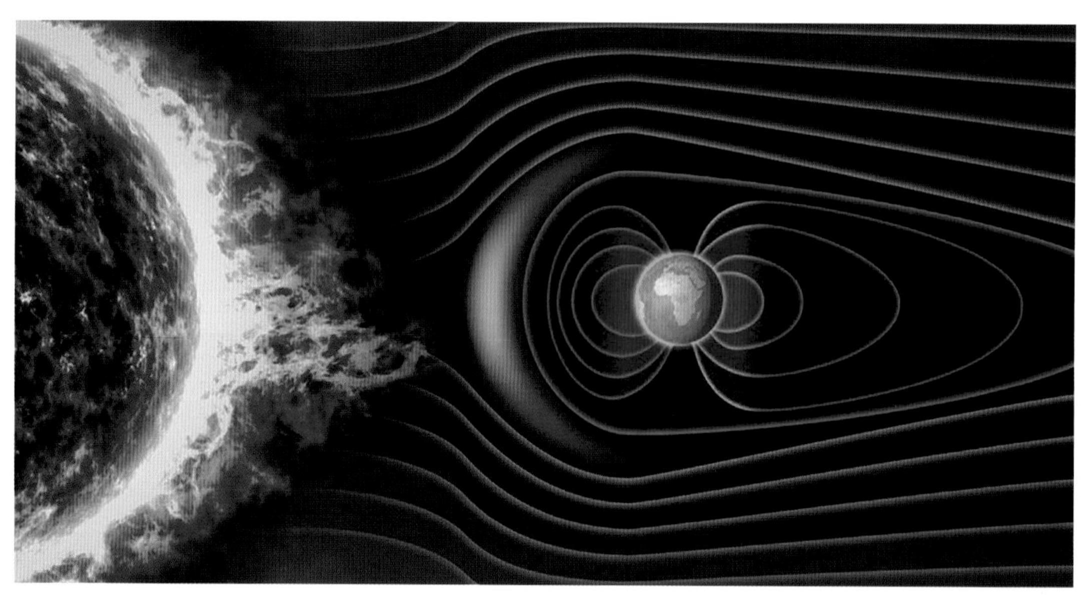

图 1-19 地球磁场为地球生命提供了保护伞

生命并不能画上等号，生命诞生与繁衍除了需要液态水之外，还需要稳定的电磁辐射环境、稳定的地质环境、适合生命生存的大气环境等。

对太阳系而言，金星和火星分别处于宜居带的内侧和外侧，而地球处于太阳宜居带的中央，也有科学家认为，木星和土星卫星的冰下海洋中也可能存在生命。

需要说明的是，宜居带是人类根据地球生物的生存环境定义的，而外星生物是否一定需要液态水尚存在较大争议。

4. 未来的太空营地——火星

火星是最有可能改造成第二个地球的太阳系行星（图1-20）。火星也处于太阳系宜居带中，与太阳的平均距离约为 1.52 个天文单位。1 个火星年相当于约 687 个地球日，火星自转 1 周相当于地球上 24 小时 39 分。火星的自转轴与公转平面夹角约为 25.19 度，这意味着火星与地球一样具有鲜明的四季。科学家推断，在远古时代，火星曾经和地球一样，具有海洋和浓密大气层，火星表面可能也曾经存有生命。后来由于某种原因，火星磁场消失，水分和大气在太阳风的轰击下逐渐逃逸。

今天的火星表面一片荒漠。由于缺乏浓密大气层，火星保温能力差。火星表面温度大约为−63℃，最低温度为−138℃，最高温度为 27℃。火星表面覆盖着微红色的粗粝沙土，土壤中富含高氯酸盐，对植物和人体具有毒性，如果要在火星种植植物，还要对火星土壤进行改造。

火星表面常年不定期刮起恐怖的沙尘暴，风速高达 160 千米 / 时，严重时会覆盖整个火星表面。火星上有

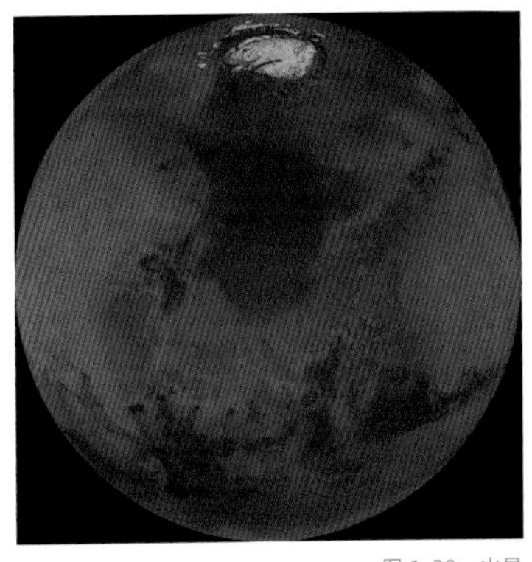

图 1-20 火星

太阳系行星中最高的山——奥林匹斯山，高度堪比 2.5 个珠穆朗玛峰，大约有 22 千米高。火星还有两颗卫星——火卫一和火卫二。有观点认为它们可能是火星捕获的小行星。

航天时代以来，人类对火星开展了大量探测，几乎没有错过任何一个火星窗口。我国在 2020 年 7 月 23 日发射了“天问一号”火星探测器（图 1-21），一次任务中实现了绕飞、着陆和巡视。未来我国还将发射“天问三号”火星探测器，完成火星取样返回任务，预计将首次实现世界上将火星样品带回地球的任务。

图 1-21 “天问一号”着陆器和“祝融号”火星车

二、气态行星

1.“灵活的胖子”——木星

木星是太阳系的行星之王，直径 139 822 千米，是地球直径的 11 倍（图 1-22）。木星距离太阳约 5.2 个天文单位，1 个木星年相当于 11.86 个地球年。在中国古代，木星被称为“太岁”，是夜空中除了金星之外最亮的行星。

木星之所以这么“胖”，是因为它形成时间比较早，形成之后先是向内迁徙，又向外迁徙，一路游荡一路“吃”，“贪吃”地吸积了太阳星云

图 1-22　木星

中大量物质，不仅导致了 2.8 个天文单位处那颗行星没有形成，而且是火星个头过小的“始作俑者”。

木星是气态行星，但木星最开始形成的时候也是由硅酸盐和金属构成的固态行星，随着其吸积的物质越来越多，引力也越来越大。当其质量大到一定程度时，就可以吸积太阳星云盘中大量的氢和氦，开始向气态行星转变。随着其质量越来越大，逐渐足以把气体压缩成液体和固体。因而，木星最内部——核心是由硅酸盐和金属构成的，中间层是金属氢，再往外是液态氢海洋，最外部是浓密氢气和氦气。木星内部高速旋转的液态氢海洋使得木星具有强大的磁场，也赋予木星美丽的极光。

尽管木星是个“胖子”，但它非常灵活，约 9.925 小时自转 1 周，是太阳系自转最快的行星，赤道地区转速高达 12.6 千米 / 秒。气态行星的独特结构和超快的自转速度，导致木星表面风暴非常剧烈，大红斑就是木星表面超高速风暴形成的湍流。

木星有 4 颗伽利略卫星，是伽利略发明望远镜后在 1610 年观测木星时发现的。据古籍记载，中国古代天文学家甘德在公元前 4 世纪就发现了木星中最亮的卫星——木卫三。《唐开元占经》引录甘德观测:“单于之岁，岁星在子。与虚、危晨出夕入。其状甚大，有光，若有小赤星附于其侧，是谓同盟。”

木卫一是太阳系地质最活跃的天体（图 1-23），表面有超过 400 座活火山，喷涌而出的岩浆为木卫一涂上了五颜六色的颜色。

木卫二是太阳系表面最光滑的天体（图 1-24）。它表面有一层薄薄的冰壳，下面则是液态海洋。有观点认为，木卫二液态海洋中可能有生命存在。

木卫三是太阳系最大的卫星（图 1-25），甚至比水星还要大一点。木卫三冰面下也有液态海洋，此外，较大的质量使得木卫三拥有内生磁场，甚至还有极光，这使得木卫三类似一颗类地行星。有观点认为将来可以将木卫三改造成人类的地外家园。

木卫四是距离木星最远的一颗伽利略卫星（图 1-26），因此，木卫四辐射较弱，地质结构也较为稳定，尤其适合航天器登陆。我国计划于 2030 年前后发射的“天问四号”探测器，将对木卫四进行探测。木卫四表面也有丰富的

图 1-23 木卫一

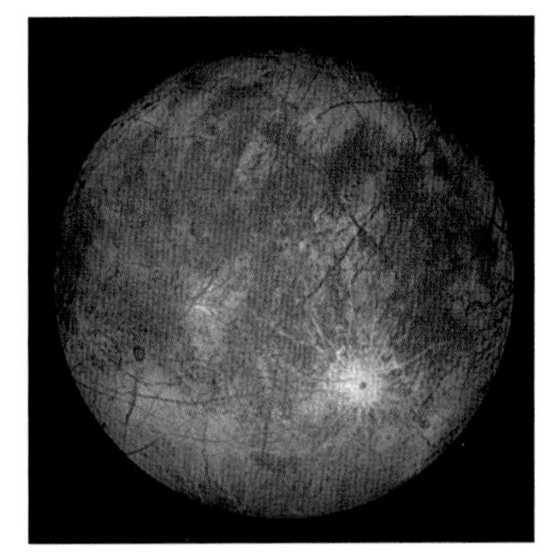

图 1-24 木卫二

图 1-25 木卫三

图 1-26 木卫四

水冰，将来或许可以作为星际旅行的中转站。

除了 4 颗伽利略卫星之外，木星周围还有许多不规则小卫星，这些小卫星可能是木星强大引力捕获的“外来户”。目前还没有关于这些不规则小卫星的翔实数据资料，也许“天问四号”可以一窥它们的“花容月貌”。

“伽利略”探测器、“朱诺”探测器对木星实施了系统的探测。2023 年欧洲空间局发射了“木星冰月”探测器，预计 2031 年抵达木星，将对木卫二和木卫三进行探测。

2.“草帽”星球——土星

土星没有土！土星也是一颗气态行星，是太阳系中第二大的行星，也是太阳系中唯一密度比水还小的行星（图 1-27）。土星距离太阳约 9.5 个天文单位，1 个土星年相当于 29.5 个地球年，1 个土星日是 10 小时 33 分钟。土星最知名的是它那浪漫、富有科幻色彩的大“草帽”——土星环。

图 1-27 土星

土星环宽度约 30 万千米，由 A ～ G 共 7 个次级环组成，主要由冰和石子组成，个头从微小的尘埃颗粒到直径几米的石块不等。土星环可能是环绕土星运行的天然卫星之间发生碰撞形成的，计算机模拟显示其形成年龄可能不足 1 亿年，那时候地球上还是恐龙时代。计算机模拟还发现，土星环中水冰正在逐渐坠入土星，预计 1 亿年后，土星环将消失。

土星也有自己的多颗卫星，科学家对土卫二和土卫六最感兴趣。

土卫二被认为拥有生命存在所需要的几乎所有条件（图 1-28）。表面被冰层包裹，冰层之下是海洋，海洋之下则是岩石内核。“卡西尼”探测器发现土卫二存在喷泉现象，冰层外壳的裂缝中会喷出由气体和冰粒构成的羽流。羽流中接近 98% 是水蒸气，约 1% 是氢气，剩下的是二氧化碳、甲烷和氨等。氢气可能来自土卫二的海底热泉，这表明土卫二可能具有类似地球生命起源的条件。生命存在需要三个条件：液态水、新陈代谢所需的能量，以及碳、氢、氮、氧、磷和硫等元素，而这些土卫二几乎都具备。

图 1-28　土卫二

土卫六的名字更为人们熟知——泰坦（Titan），是太阳系唯一拥有浓密大气层的天然卫星（图 1-29）。泰坦拥有固态表面、河流、海洋和浓密大气层，不过河流里流动的是甲烷和乙烷——液化气。因此，这里或许也可以成为星际旅行的补给站。美国国家航空航天局计划 2026 年发射“蜻蜓”探测器（图 1-30），预计 2034 年左右抵达泰坦。“蜻蜓”是一个具有核动力的多旋翼无人机，它将会像昆虫一样灵活地在空中飞翔，然后根据命令在指定的地方降落。

图 1-29 泰坦

图 1-30 泰坦“蜻蜓”探测器

3.“躺平”的星球——天王星

天王星是一颗冰巨星，表面物质主要是氢气和氦气，但表层下主要由处于“冰冻”状态的氧、碳、氮、硫等元素构成。天王星距离太阳约19.218个天文单位，1个天王星年相当于84个地球年。天王星半径为25 900千米，相当于4个地球半径。天王星最知名的是其自转轴与公转平面夹角为97.8°，这意味着天王星是躺着环绕太阳公转的。“躺平”的天王星具有与其他星球完全不同的昼夜变化——42年极昼和42年极夜交替。

天王星之所以躺着，可能是在形成初期被“撞了一下腰”，计算机模拟显示“肇事者”可能是一颗比地球还重的冰质行星。

天王星也是一颗自带“主角光环”的行星（图1-31），但与土星又宽又亮的环不同，天王星的环又窄又暗，由成千上万小的冰和岩石碎片组成。

此前，只有美国国家航空航天局发射的“旅行者2号”（Voyager 2）探测器曾于1986年飞掠过天王星。2022年，美国发布行星科学十年调查，建议对天王星系统开展研究。

图1-31 天王星

4.“算”出来的星球——海王星

海王星是太阳系中距离太阳最远的一颗行星，与天王星同属冰巨星（图1-32）。海王星距离太阳约 30 个天文单位，1 个海王星年相当于 165 个地球年。海王星半径为 24 750 千米，是地球半径的 3.86 倍。

海王星散发着蓝色的淡淡微光，酷似一颗宁静的蓝宝石，实际上海王星拥有太阳系最强烈的风，风速最高可达 2 400 千米 / 时，比 14 级台风还要强 10 倍。

海王星在 1846 年 9 月 23 日被发现，是仅有的利用数学预测而非直接观测发现的行星。天王星被发现的时候，人类观测它的轨道数据非常不稳定，天文学家发现“天王星”居然有“出轨”现象，它似乎并不是完全按照万有引力定律运行的，这让天文学家非常疑惑。于是科学家推断：在天王星身边应该还有个大行星，它的巨大引力影响着天王星。英国数学家亚当斯通过数学计算算出了这个大行星的轨道，之后天文学家果然用天文望远镜观测到了这颗新行星，它就是海王星。

图 1-32　海王星

迄今，只有美国国家航空航天局的“旅行者 2 号”探测器曾经在 1989 年 8 月 25 日飞掠过海王星。我国规划的太阳系边际探测计划可能会对海王星进行飞越探测。

第五节 “小不点们”——小行星

一、太阳系大楼的“建筑废料”

如果把太阳系的形成比喻成建造一座高楼大厦，太阳和八大行星就是这座高楼大厦的主体结构。在这座大厦完工后，太阳系“工地”上还残存着一些建筑材料。这些剩余的砖瓦，就是矮行星、小行星和彗星，人们将这些统称为小天体。如 NEOWISE 彗星（图 1-33）和贝努（Bennu）小行星（图 1-34）。

图 1-33 NEOWISE 彗星

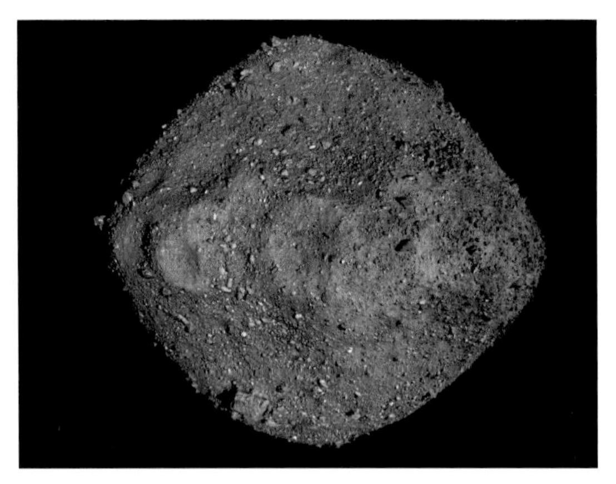
图 1-34 贝努小行星

太阳系内的小天体是轨道环绕太阳运行但体积和质量比八大行星要小得多的天体。

彗星含有较多的水冰、甲烷等挥发性物质，在靠近太阳时水冰受热升华，会形成较为明亮的彗尾。中国民间也把彗星称为扫帚星。

小行星具有固态岩石表面，主要由硅酸盐和金属构成，即使靠近太阳，一般也不易释放出气体和尘埃。

随着观测的进展，人们发现小行星与彗星的界限越来越模糊，科学家在小行星带发现了一类轨道与小行星类似但“外观”看起来更像彗星的小天体：它们运行在小行星带中，却像彗星一样拖着一条“小尾巴”，这类活跃小行星被称为主带彗星。中国“天问二号”小天体探测采样返回任务的第二阶段探测目标 311P（图 1-35），就是一颗主带彗星。活跃小行星成因比较复杂，包括水冰挥发、自转引起的表面岩石抛射以及撞击等。

图 1-35 哈勃空间望远镜拍摄的主带彗星 311P

太阳系中的八大行星的体积和质量较大，在放射性元素核衰变加热和撞击的作用下，表面经历过“岩浆洋”状态，具有完整的核—幔—壳结构，形状接近球形。绝大部分小天体的体积和质量较小，含有的放射性元素也较少，不足以使其表面熔化，从而无法形成“岩浆洋”状态，也不具备核—幔—壳结构，形状看起来也千奇百怪（图 1-36）。

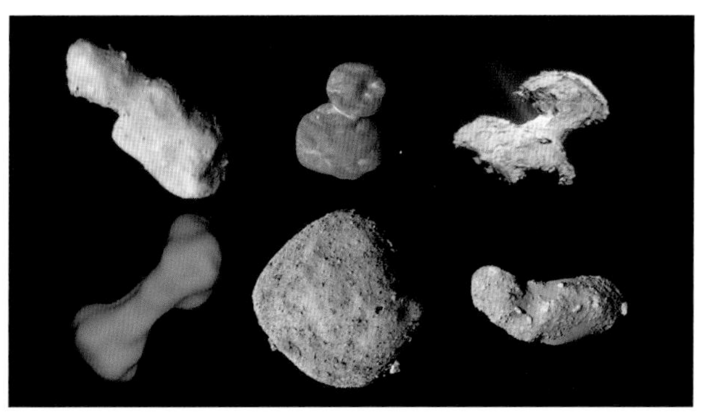

图 1-36　千姿百态的小天体

这些小天体，有的像雪人，有的像花生，有的像松鼠，有的像陀螺，甚至有的像“天狗”啃的骨头……小天体个头大小不一。个头大的直径超过几百千米，比北京到山东还远。个头小的小天体可能只有冰箱大小。小天体虽然小，但有些却有自己的“月亮”，甚至带着两个“月亮”。还有一些小天体，像土星一样“自带光环”（图 1-37）。

图 1-37 自带光环的 Chariklo 小行星

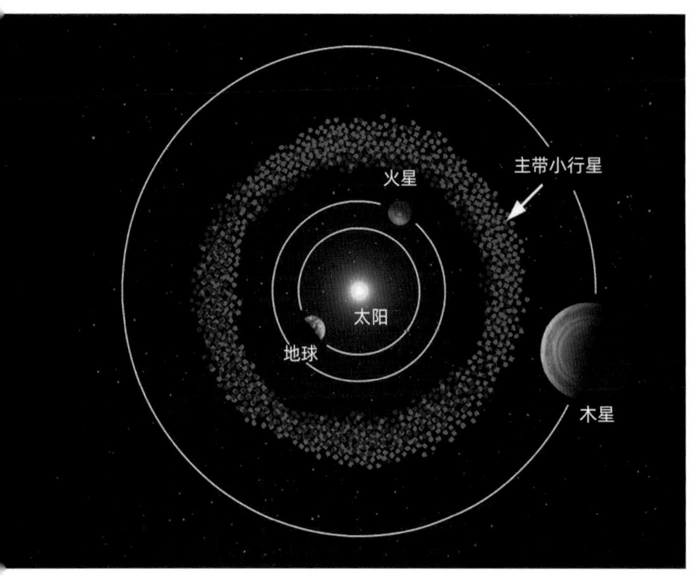

图 1-38　火星和木星轨道之间的小行星带

1. 太阳系小天体集中分布的第一个区域

太部分小天体分布在火星和木星轨道之间的小行星带（图 1-38）。小时候，自然课老师告诉我们，为了防止“火”星把“木”星点燃，在它们中间造了一条隔离“带”，当然只是帮助记忆，没有这层必然关联关系。小行星带中包含了至少 100 万颗小行星，被称为主带小行星。小行星带中小行星数量虽多，但其质量之和仅相当于月球的 4%。

2. 太阳系小天体集中分布的第二个区域

太阳系中小天体集中分布的第二个区域是太阳—木星系统的三角平动点附近的动力学稳定区域。其中 L_4 点附近的小天体被称为特洛伊族（图 1-39），运行在木星前方约 60°；L_5 点附近的小天体被称为希腊族，运行在木星后方约 60°。这些小天体可能与木星的年龄相当，研究它们对揭示

图 1-39　特洛伊族小行星

木星的形成与演化具有重要价值。

3. 太阳系小天体集中分布的第三个区域

太阳系中小天体集中分布的第三个区域是海王星轨道外的柯伊伯带（图 1-41）。柯伊伯带是海王星轨道外的一个扁平的环带，距离太阳约 30 ～ 55 个天文单位。由于距离遥远、观测手段有限，人类并不清楚大部分柯

知识链接

拉格朗日点

在三体系统中，存在五个引力处于动平衡状态的拉格朗日点（图 1-40）。拉格朗日点处的物体受到的引力恰好能维持其绕三体系统质心做圆周运动，因此拉格朗日点也被称为动平衡点或者平动点。L_1、L_2、L_3 点位于主天体连线上，被称为共线平动点，L_4 和 L_5 点分别与两个主天体构成等边三角形，被称为三角平动点。其中共线平动点是动力学不稳定的，三角平动点是动力学稳定的。一般将航天器定位在环绕平动点运行的周期轨道上，只需要很少的燃料即可将航天器长期维持在平动点附近。

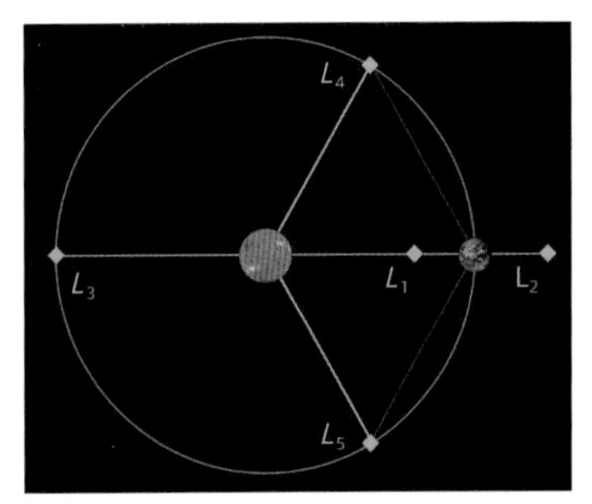

图 1-40　拉格朗日点

图 1-41 柯伊伯带

伊伯带天体属于小行星还是彗星。冥王星就是一颗知名的柯伊伯带天体，目前被归类为矮行星。

4. 太阳系小天体集中分布的第四个区域

太阳系中小天体集中分布的第四个区域是太阳系边缘的奥尔特云（图 1-42）。科学家推测在距离太阳 5 万～ 10 万个天文单位处存在包围着太阳系的球状云团，被认为是太阳星云的遗留物质。奥尔特云非常寒冷，被认为是长周期彗星的老家。奥尔特云团中的天体，在其他恒星的引力扰动下，可能从太阳系边

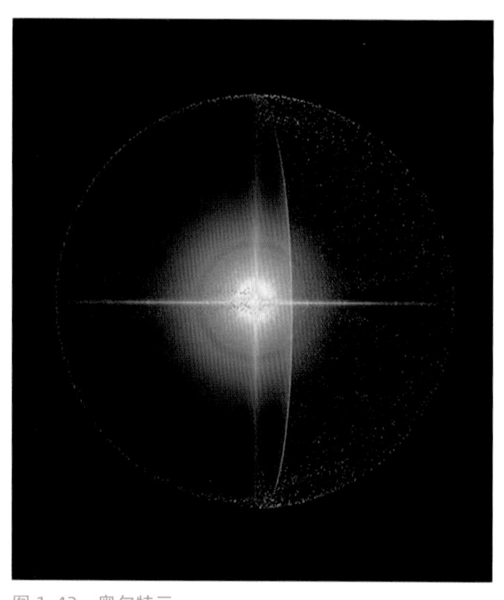

图 1-42 奥尔特云

缘飞向内太阳系，使得我们有机会一睹长周期彗星的身影。

5. 近地小行星

人类最关注的小天体并不运行在上述四个集中区域。在地球附近，有这么一类小天体，它们频繁与地球擦肩而过，甚至闯入地球大气层、陨落在地表上，给地球带来沧海桑田般的变化。它们与地球的距离较近，为人类探索、开发、利用它们提供了便利。它们就是近地小行星。

近地小行星是与太阳的最近距离小于 1.3 个天文单位（约 1.95 亿千米）的小行星（图 1-43）。由于地球距离太阳约 1.5 亿千米，近地小行星可能进入距离地球 4 500 万千米范围内，有撞击地球的可能性。

现代科学研究认为，近地小行星的“老家”是火星和木星轨道之间的小行星带。有科学家认为，此处原本应该有一颗行星，但由于块头巨大的木星过于“贪吃”，吸积了太多的物质，导致此处没能形成新的行星，取而代之的是岩石密集分布的小行星带。也许这里曾经有一颗行星胚胎，但还没来得及形成行星，就被撞击解体了，它的“核、幔、壳”散布在小行星带上。

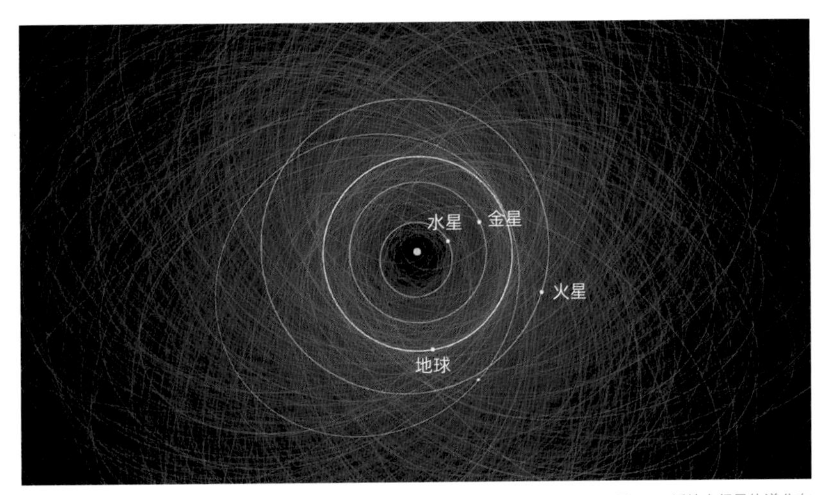

图 1-43 近地小行星轨道分布

小行星在太阳系运行，除了受太阳引力主导，还受到木星、土星、火星、地球、金星等太阳系行星的引力影响。其中，木星是太阳系最大的行星，它的质量是太阳系其他七大行星质量之和的 2.5 倍，被称为太阳系“行星之王”。因此，木星的引力对小行星的轨道演化具有极其重要的影响。

木星环绕太阳运动的公转轨道周期约为 11.86 个地球年。如果小行星轨道公转周期与木星轨道公转周期成一定比例关系，它的运动就会与木星轨道运动发生共振。比如，如果有小行星环绕太阳运行 3 圈，木星恰好环绕太阳运行 1 圈，则小行星与木星就形成了 3:1 轨道共振。在轨道共振效应下，小行星的轨道会周期性地被木星引力“拉扯”，从而可能使得小行星的轨道不再稳定。

1866 年，美国天文学家柯克伍德发现了小行星带存在某些轨道“间隙”，这些间隙处没有小行星存在。间隙处小行星的轨道周期恰好与木星轨道周期呈现共振关系，该间隙被称为柯克伍德空隙（图 1-44）。科学

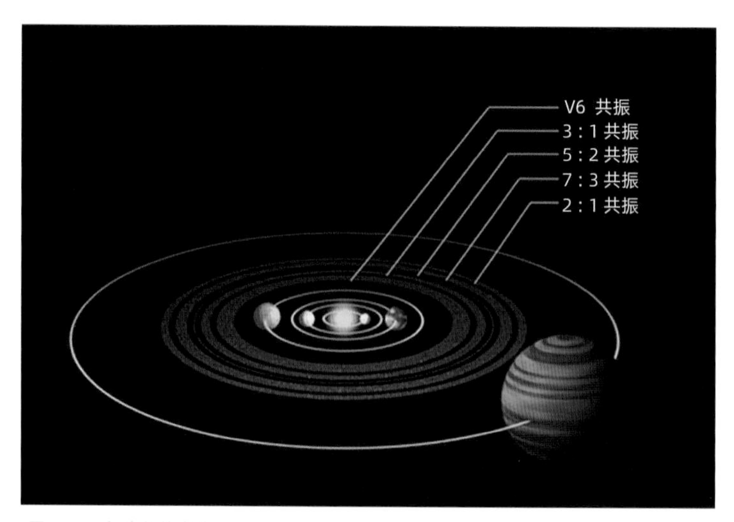

图 1-44 柯克伍德空隙

家认为，有可能正是木星的引力将共振带处的小行星拉扯出小行星带，成为近地小行星。此外，雅科夫斯基效应（图 1-45）为小行星从小行星带迁移到地球附近也发挥了重要作用。

木星的引力“拉扯”会改变小行星的轨道形状，使得小行星的近日点不断接近内太阳系，从而有机会近距离飞掠火星、地球等大行星。如果距离足够近，大行星引力就会像“弹弓”一样，给小行星瞬间“加速”或者“减速”，小行星就可能从小行星带“离家出走”，来到地球附近，成为近地小行星。

从这个角度而言，木星的引力是小行星从主带向近地迁移的主导因素之一，木星不仅没有帮助地球抵御小行星撞击，反而是小行星撞击地球的驱动力之一。也许木星替地球“挡枪”，只是彗星撞击木星引发人们的简单联想而已。

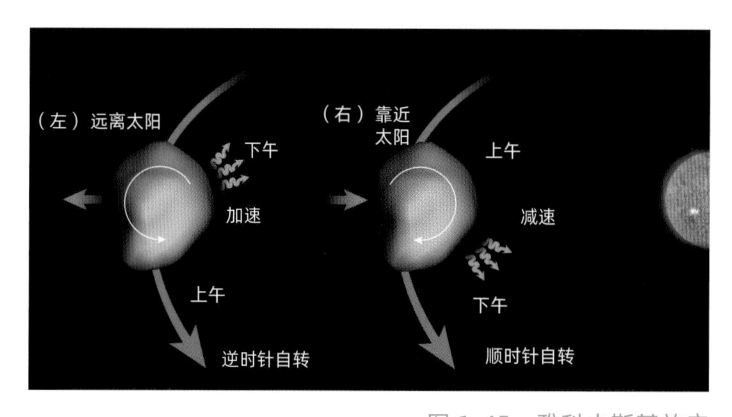

图 1-45 雅科夫斯基效应

知识链接

雅科夫斯基效应

任何温度高于绝对零度的物体都向外发射电磁波，波长与物体的温度相关。温度越高的物体发射电磁波的波长越短。小行星发射的电磁波为红外波段。根据牛顿第三定律，在发射红外辐射的同时，小行星也会受到反作用力。小行星一般处于自转中，温度最高的区域是小行星下午两点钟方向。温度越高，红外辐射越强，因此小行星发射的红外线具有方向不均衡性。不均衡的红外辐射会对小行星造成一个持续的微弱作用力，长期作用下会改变小行星的轨道，这种由于红外辐射不均衡性引起的轨道改变效应被称为雅科夫斯基效应。

月球会为地球“挡枪”吗?

揭秘：第一颗小行星的发现

图 1-46 提丢斯

1776 年，德国一位名为提丢斯（图 1-46）的中学数学老师，无意中写下了一组数列：

（0+4）/10=0.4；（3+4）/10=0.7；（6+4）/10=1.0；

（12+4）/10=1.6；（24+4）/10=2.8；

（48+4）/10=5.2；（96+4）/10=10 →（n+4）/10

他惊奇地发现，这组序列竟然隐含了太阳系行星的排列秘密。当 n=0，3，6，12，48，96 时，得出的数字竟然是当时已经发现的 6 颗行星与太阳的距离。

当 n=0 时，得出的数字是 0.4，而水星与太阳的平均距离是 0.3871 个天文单位；

当 n=3 时，得出的数字是 0.7，而金星与太阳的平均距离是 0.7233 个天文单位；

当 n=6 时，得出的数字是 1，正是天文单位的定义——日地平均距离，约 1.496 亿千米；

当 n=12 时，得出的数字是 1.6，而火星与太阳的平均距离是 1.5237 个天文单位；

当 n=24 时，得出的数字是 2.8。这让人很疑惑，在距离太阳 2.8 个天文单位处，并没有发现什么天体。那么这里会有什么？会不会有一颗人类还没有发现的行星？

当 n=48 时，得出的数字是 5.2，与木星到太阳的距离 5.2026 个天文单位惊人地吻合；

当n=96时，得出的数字是10，与土星到太阳的距离9.5549个天文单位也基本吻合；

太阳系中已知的六颗行星，在这个数列中已经找到了位置！还多出了一个距太阳2.8个天文单位的位置空白。

提丢斯继续推算下去——当n=192时，得出的数字是19.6。

提丢斯做出了一个大胆的预言——在距离太阳2.8和19.6个天文单位处，会有2颗人类还没有发现的行星。

提丢斯的朋友、天文学家伯德知道这个发现的意义，于1772年公布了提丢斯的这一发现，引起了天文界的极大重视。这一发现也被称为提丢斯–伯德定律，即太阳系行星排列规律。

这是纸上谈兵的数字游戏，还是太阳系行星排列的真实奥秘？到了1781年，天王星被发现，其与太阳的平均距离约为19.2184个天文单位，与19.6个天文单位非常接近。提丢斯–伯德定律的预言变成了现实，震惊了天文学界。

一场在距太阳2.8个天文单位处的“猎星行动”开始了。18世纪末，欧洲天文学家召开了一场声势浩大的会议，讨论如何搜寻这颗预言中的行星。

19世纪第一天，公元1801年1月1日的夜晚，在地中海美丽的西西里岛上，一个名为皮亚齐（图1-47）的神父在

图1-47 皮亚齐

图 1-48 “黎明号”造访谷神星

用天文望远镜巡视着天空，并标记每个天体的位置。第二天晚上，他又重复做了测量和标记。他惊讶地发现，竟然有一颗星星在移动！第三天晚上，那颗星星又移动到了新的位置。皮亚齐意识到，这不是一颗恒星，而是一颗新的行星。

皮亚齐对外发布了他的发现，并将这个天体命名为谷神星（图 1-48）。遗憾的是，在被发现 41 天后，谷神星进入了太阳附近天区，太阳耀眼的光芒使得地面上不再能观测到谷神星，这颗“行星”就此从望远镜中“丢失”了。

在当时，确定一颗“行星”的轨道需要经年累月的观测。由于观测数据过少，还不清楚这颗“行星”运行在什么轨道上，人类也不知道它下次什么时候会出现。它会是距太阳 2.8 个天文单位处那颗预言中的行星吗？

24 岁的天才数学家高斯（图 1-49）听说了这件事。他发明了仅利用 3 条观测数据就能初步确定天体轨道的方法，这就是迄今仍然在使用的高斯定轨方法。高斯定轨方法极大地降低了确定天体轨道需要的观测数据，提升了人类确定天体轨道的效率。在初轨确定的基础上，高斯还发明了最小二乘方法来获得天体的精密轨道，基本思想是通过迭代

图 1-49 高斯

改进，找到与观测轨道最为接近的理论轨道。高斯提出的定轨方法奠定了天体测量领域的数学基础，至今仍然在天文、航天领域发挥着至关重要的作用。

根据高斯的预测，不久，德国天文学家奥伯斯果然再次发现了谷神星。按高斯的计算，谷神星到太阳的距离为 2.77 个天文单位，与预言的 2.8 个天文单位仅有 1.083% 的误差。

1802 年，奥伯斯在 2.8 个天文单位处发现了智神星；1804 年，德国天文学家哈丁在 2.6 个天文单位处发现了婚神星；1807 年，奥伯斯又在 2.36 个天文单位处发现了灶神星。

随后，人类在这个区域发现了越来越多的移动天体。到 1890 年，人类已经发现了 300 颗新天体。人们猜测，这些天体可能是 2.8 个天文单位处那颗行星的撞击碎片。科学家为这类天体起了一个新名字——小行星。这些小行星聚集的地方被称为小行星带（图 1-50）。

知识链接

高斯定轨方法

根据三个时刻天体相对观测者的方向确定天体轨道的方法。

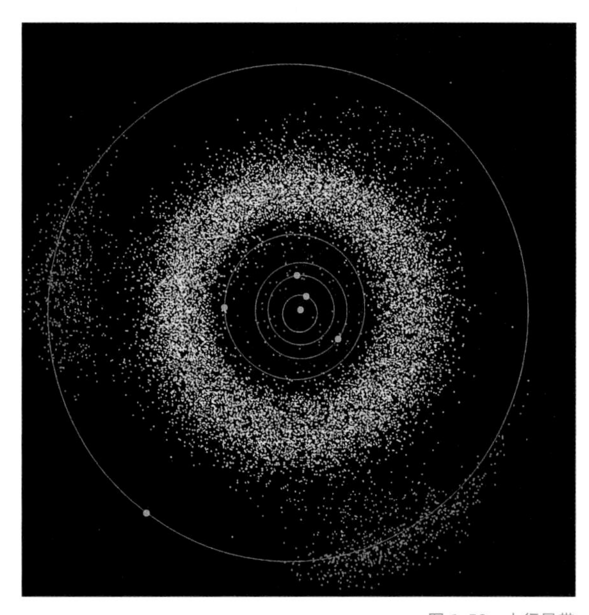

图 1-50 小行星带

二、深空探测的“时光胶囊”

小行星曾经是孕育在太阳星云中的气体、尘埃、岩石和水冰，它们可能曾经成长为卵石或者岩石，它们可能曾经成长为星子，甚至成长为行星胚胎。但由于碰撞等原因，它们没能成长为大行星（图 1-51）。

它们蕴藏着价值连“球”的宝藏，它们是地球生命的“阿喀琉斯之踵”，是悬在人类头顶上的“达摩克利斯之剑”。它们至今仍然是太阳系动态演化的重要组成部分，它们相互撞击，或自杀式飞向大行星，它们曾给地球

图 1-51　太阳系中的小行星

和生命带来了天翻地覆的变化。但也正因为它们，地球才变得生机勃勃，人类才能登上地球舞台中央。未来，人类也可能因为它们而退出地球舞台。

早期的太阳系充满了动荡不安的撞击过程，大行星也曾经从一个轨道迁移到另外一个轨道上，扰动着太阳系小天体的轨道运动，导致了大量的暴力撞击事件，深刻塑造了类地行星的演化（图 1-52）。

与太阳、八大行星一样，小天体也诞生于太阳星云。而地球诞生之后，在撞击动能与放射性核素加热作用下，经历了“岩浆洋”状态的热分异过程，铁镍金属由于密度较大沉入地球核心，而外围则形成了硅酸盐构成的

图 1-52　行星的暴力童年

地幔和地壳。在漫长的地质演化过程中，地壳经历了地震、火山爆发、小天体撞击、风雨冰雪侵蚀、生物圈改造等沧海桑田般的变化。现今地壳的物质成分与太阳星云的初始物质成分已经有天壤之别。而火星和月球也经历了相似的过程。

知识链接

重力分异过程

重元素下沉、轻元素上浮，天体从而从物质均一分布结构变为分层结构，形成核—幔——壳结构的过程就是分异过程（图 1-53）。

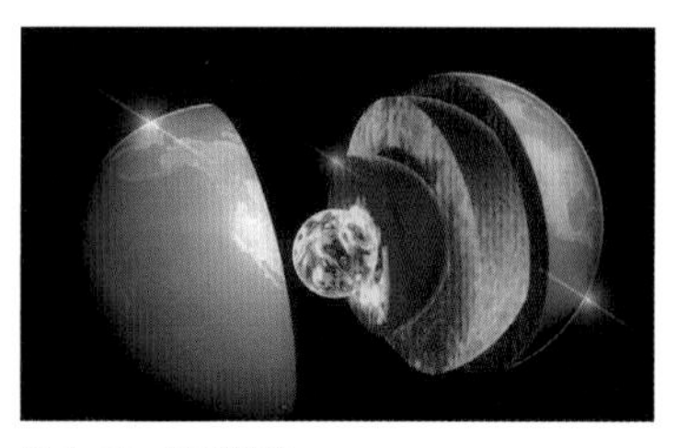

图 1-53 地球结构

大部分小天体没有经历热分异过程，也没有经历地震、火山爆发等地质改造，没有大气、云雨等气象因素侵蚀，自诞生以来就处于宇宙的寒冷空间中，还保留着太阳系形成之初的物质成分。因此小天体被科学家称为太阳系的“时光胶囊”，封存着太阳系形成与早期演化的秘密，在科学探索方面具有重要价值。

小天体也是太阳系演化历史的见证者。月球形成的天地大冲撞、木星轨道大转向等事件都会在小天体群体中有所反映，甚至有可能在小天体中找到事件的遗迹和证据。可以说，小天体是揭开太阳系形成与演化奥秘的钥匙。

地球上陨落了大量陨石，这些天外来客，为科学研究提供了重要基础。但小天体在穿越大气层的过程中，表面被烧蚀，水冰等挥发性物质和氨基酸等有机物会遭到破坏。因此，尽管地面上收集了大量陨石样品，但真正“新鲜”“原始”的样品，还要人类发射探测器从小天体表面采集并带回地球。

鉴于小天体巨大的科学价值，美国、日本等国家对小天体实施了多次探测任务，完成了对小天体“惊鸿一瞥”的飞越探测、“电光石火”的撞击探测、“形影相随”的绕飞探测、“亲密接触”的着陆探测以及“囊中取物”的取样返回探测等，获取了大量宝贵的科学数据，极大地丰富了人类对太阳系起源与演化的认识，在人类深空探测史上留下了浓墨重彩的一笔。

第六节　给小天体命名

一、小行星的命名

如果有一颗星星的名字与你有关，只为你存在，这是一件多么浪漫的事情！

在所有天体中，只有小行星可以根据发现者提议命名。小行星的命名包括有临时编号、永久编号和名字三部分。

（1）临时编号：当一颗小行星候选体被发现后，先根据发现时间被赋予一个临时编号。临时编号的格式为年份＋两位英文字母＋阿拉伯数字。比如近地小行星 2004 MN4：2004 年为发现年份；第一个字母 M 代表发现月份为 6 月下半月（表 1-1）；第二个字母与阿拉伯数字结合起来表示该半月发现的第几颗小行星，其中字母 A ～ Z（I 不用）共 25 个字母表示顺序号（表 1-2），数字表示经历了多少个 A ～ Z 的循环周数（表 1-3），比如 N4，表示经历了 4 次 A ～ Z 的循环，又数到了 N（代表 13），因此 N4 为 4×25+13=113，为该半月发现的第 113 颗小行星。

表 1-1 小行星编号中第一个字母含义

A	B	C	D	E	F	G	H
一月 1-15	一月 16-31	二月 1-15	二月 16-28/29	三月 1-15	三月 16-31	四月 1-15	四月 16-30
J	K	L	M	N	O	P	Q
五月 1-15	五月 16-31	六月 1-15	六月 16-30	七月 1-15	七月 16-31	八月 1-15	八月 16-31
R	S	T	U	V	W	X	Y
九月 1-15	九月 16-30	十月 1-15	十月 16-31	十一月 1-15	十一月 16-30	十二月 1-15	十二月 16-31

表 1-2 小行星编号中第二个字母的含义

A	B	C	D	E
1	2	3	4	5
F	G	H	J	K
6	7	8	9	10
L	M	N	O	P
11	12	13	14	15
Q	R	S	T	U
16	17	18	19	20
V	W	X	Y	Z
21	22	23	24	25

表 1-3 小行星编号中数字值的含义

（空）	1	2
0	25	50
3	4	5
75	100	125
6	7	8
150	175	200
9	10	11
225	250	275
12	…	N
300		25 x N

（2）永久编号：根据多次观测数据，精确测量小行星轨道后，可以获得正式的永久编号。比如 2004 MN4 小行星的永久编号为 99942。

（3）命名已获得永久编号的小行星，其发现者有权利在 10 年内为其命名，但是提议的名字需参照国际天文学联合会设置的小行星命名准则，且需要经过国际天文学联合会审核通过。比如 2004 MN4 小行星的命名为 Apophis，为古埃及神话中的毁灭之神。

小行星一经命名，则由国际天文学联合会小行星中心发布公告，成为国际性的永久命名。所以对提名有明确严格的要求：

不长于 16 个字符（包括空格、连接符等，但不能是数字）；

最好是一个单词；

可发音（以某种语言）；

非攻击性、侮辱性词汇；

避免与已获得命名的小行星或者自然卫星名称过于相似；

政治 / 军事人物或事件的提名必须在其本人去世或事件发生 100 年后才允许；

不鼓励用宠物名字；

不允许纯商业或以商业性质为主的命名。

小行星命名是不能进行商业买卖的，因此那些明星粉丝及广告厂商宣称购买小行星命名，都不是国际天文学联合会体系下的命名，而是某种商业体系下的命名，不会被全世界认可。

由于近地小行星可能撞击地球，一般不用人物名为近地小行星命名。

二、彗星的命名

彗星一般以发现者命名，如果两个人或者天文台均对彗星发现做出了贡献，可以联合命名。比如 2023 年，紫金山天文台和 ATLAS 联合发现的大彗星 C/2023 A3 被命名为“紫金山–阿特拉斯 -（Tsuchinshan-ATLAS）”彗星。

彗星也有编号。彗星编号一般形式为“字母 + 斜杠 + 年份 + 字母 + 数字”，比如 C/2023 A3；或者“数字 + 字母 + 斜杠 + 命名”，比如“罗塞塔”任务的探测目标彗星 67P/Churyumov-Gerasimenko。

斜杆前的字母表示彗星的性质：

C 表示轨道周期超过 200 年的长周期彗星；C/2023 A3 为一颗长周期彗星。

P 表示轨道周期短于 200 年的短周期彗星；如果轨道精度较高，一般还要在 P 前面加上永久数字编号，比如 67P 彗星就是“罗塞塔”探测器的探测目标，这种情况就用“永久编号 / 名字”的方式来命名。

X 表示没有可靠轨道数据的彗星。

D 表示不再回归或者已经消失、分裂、失踪的彗星。

A 表示曾经错误被归纳为彗星，但实际是小行星的天体。

I 表示来自太阳系外的小天体，比如 2017 年曾经轰动一时的天外来客“奥陌陌”。它原来被认为是彗星，后来编号改为 A/2017 U1，通过计算发现它是太阳系外天体，又改名为 1I/'Oumuamua。

1I 表示这是人类发现的第一个星际天体，'Oumuamua 就是它的名字，在夏威夷当地语言中表示远方的使者。

斜杠后面四位数字表示发现年份，比如 C/2023 A3，表示一颗 2023 年发现的长周期彗星。

最后的字母 + 数字表示发现的半月及顺序号。比如 A3 表示 1 月上半月发现的第 3 颗彗星。如果是“两位字母 + 数字”的形式，则代表刚发现时被认为是小行星，可以按照小行星命名形式来解读。

表 1-4　闪耀在太空的中国名字（部分）

类别	命名	小行星编号	备注
神话人物	女娲 Nuwa	150	中国神话人物
古代科学家	祖冲之 ZuChong-Zhi	1888	中国古代数学家
	张衡 ZhangHeng	1802	中国古代天文学家
	郭守敬 GuoShou-Jing	2012	中国古代天文学家

续表

类别	命名	小行星编号	备注
古代知名人物	老子 Laotse	7854	中国古代哲学家
	孔子 Confucius	7853	中国古代哲学家
	李白 Libai	110288	诗仙
	杜甫 Dufu	110289	诗圣
现代科学家	袁隆平 Yuanlongping	8117	杂交水稻之父
	杨振宁 Yangchenning	3421	物理学家
	赵九章 Zhaojiuzhang	7811	大气物理学家、“东方红一号”卫星重要推动者
	钱学森 Qianxuesen	3763	中国航天之父
	华罗庚 Hualookeng	364875	数学家
	屠呦呦 Tuyouyou	31230	诺贝尔奖获得者
	王选 Wangxuan	4913	汉字激光照排技术创始人
	钟南山 Zhongnanshan	325136	医学家
	吴伟仁 Wuweiren	281880	中国探月工程总设计师
	欧阳自远 OuyangZiyuan	8919	中国探月工程首任首席科学家
现代人物	刘慈欣 Liucixin	541508	科幻小说作家
航天员	杨利伟 Yangliwei	21064	我国第一位进入太空的航天员
	费俊龙 Feijunlong	9512	
	聂海胜 Niehaisheng	9517	
企业家	邵逸夫 RunrunShaw	2899	
	陈嘉庚 ChenJiageng	2963	
	王宽诚 Wongkwancheng	4651	
地名	北京 Peking	2045	

续表

类别	命名	小行星编号	备注
地名	上海 Shanghai	2197	
	深圳 Shenzhen	2425	
	南京 Nanking	2078	
	延安 Yan’an	2693	
	河南 Henan	2085	
大学	北京大学 Beijingdaxue	7072	
	中国科学院大学 Guokeda	189018	
	南京大学 Nanjingdaxue	3901	
	北京师范大学 Beishida	8050	
	哈尔滨工业大学 Hagongda	55838	
明星	周杰伦 Chouchiehlun	257285	
	林青霞 Linchinghsia	38821	
	邓丽君 Teresateng	42295	
	刘德华 Lautakwah	55381	
爱好者	高兴 Gaoxing	204710	知名天文爱好者
	孙国佑 Sunguoyou	546756	知名天文爱好者
发现者亲属朋友	一航一洋 Yihangyiyang	616689	孙国佑的长子（孙一航）和次子（孙一洋）
	徐俪洋 Xuliyang	172989	发现者叶泉志的好朋友

如何“拥有”一颗小行星

三、如何获得太空命名

现在你明白了吧，要想永恒闪耀太空，有三种途径：

努力学习，为人类做出杰出贡献，等待着机构来提名；

努力成为天文学家，自己发现一颗小天体；

努力找一位天文学家做朋友，请他 / 她为你命名。

揭秘：从中华星到中国星

图 1-54 张钰哲

1928 年 10 月 25 日，旅美求学的张钰哲（图 1-54）在美国叶凯士天文台发现一颗小行星，这是第一颗由中国人发现的小行星，张钰哲将其命名为中华星（1125 China）。但由于当时的观测能力有限，这颗小行星的踪迹却就此“消失”。

1957 年 10 月 30 日，紫金山天文台发现了一颗轨道酷似 1125 的小行星。虽后经证实这颗小行星并非 1125，但 20 年后的 1977 年，国际小行星命名委员会还是破例将“1125 China”给了这颗新发现的小行星。而原本以为失踪了的 1125 号小行星，却在 1986 年再次被观测到，并于 1988 年被重新命名为中国星（3789 Zhongguo）。

第二章

小行星的宝贵馈赠

第一节　小行星采矿

大自然赐予了我们很多神奇的宝藏，但这些宝藏不会放在唾手可得的地方，而是隐藏在难以找到的偏僻、荒芜、崎岖之所。寻宝一直以来是人类探险的主题之一，是驱动着无数探险家前行的原动力。他们中的佼佼者——哥伦布，在探险途中，发现了新大陆，也就是如今的美洲大陆。

如今，探险家们几乎走遍了地球的每个角落，从干燥寒冷的极地，到潮湿炎热的雨林，现在新一代探险人开始将目光投向天空——在太空寻找宝藏。月球、火星、小行星是他们征服的新目标。

月球是距离我们最近的地外天体。火星是最可能改造成未来人类永久定居点的星球。但月球和火星的引力过于强大，在月球和火星表面起飞和着陆需要消耗大量的燃料。小行星的引力微弱，在着陆和起飞的时候，不需要克服强大的引力势能。对某些轨道与地球接近的小行星而言，对其采矿所消耗的燃料甚至比在月球采矿还少，当然也比火星采矿要低得多。除此之外，月球和火星都经历了熔融热分异过程，形成了类似地球的核—幔—壳结构，重金属元素已经下沉到核心，其星球表面更多是硅酸盐等矿产资源。而绝大部分小行星没有经历熔融热分异过程，表面重金属更为富集。

一、小行星上有什么矿？

从材质角度，近地小行星主要分为碳质小行星、岩石质小行星和金属质小行星三类（图 2-1），它们所含有的矿产资源也各有千秋。

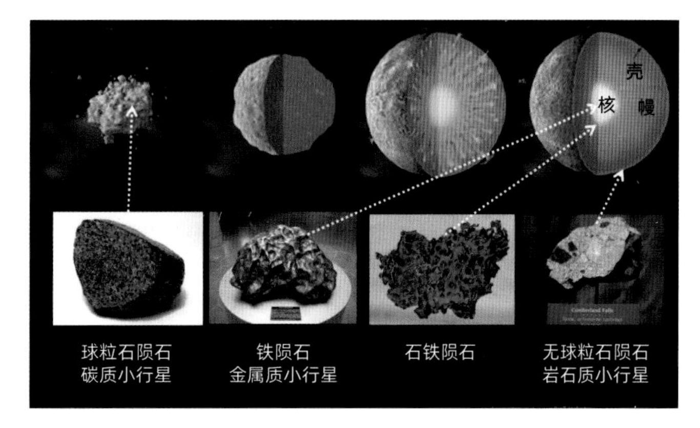

图 2-1 小行星及陨石类型

1. 碳质小行星

碳质小行星是由太阳星云原始物质凝聚而成的，富含水和有机物。

水可以供宇航员饮用。如果未来人类要在地外建立永久生存基地，不可能所有的淡水都从地球携带，否则将由于成本高昂而难以持续。碳质小行星将来可以作为地外生存基地的水源补充地。

水还可以直接作为航天器的燃料资源，也可以在电解后变成氢气和氧气，作为航天器推进系统的燃料。

航天器进行着陆、下降、抬升轨道、降低轨道、改变方向等轨道机动，都需要消耗燃料。深空探测器飞行距离远、飞行范围大，对燃料要求多。

如果未来可以将富含水分的碳质小行星改造为星际航行的补给站，太阳系中将形成一个由众多碳质小行星构成的庞大补给站路网，将能够极大地拓展深空探测器的飞行范围，甚至可以实现永久续航，将极大地拓展人类在地外的生存空间。

2. 岩石质小行星

岩石质小行星是分异的行星胚胎或者大尺寸小行星的幔部被撞碎后形成的，富含硅酸盐、铁、镍、钴、硅、铝、钛、铂等。

铁、镍、钴、硅等元素是重要的工业矿产资源，可以用来在太空中建造太空基地，也可以作为将来开展太空制造的原材料，为发展太空工业体系奠定原材料基础。

铝和钛一般用于地球轨道空间航天器的结构制造，主要是地球引力强大，要把航天器送入太空，需要运载火箭克服强大的引力势能。而铝和钛的密度较轻，又具有较好的强度和韧性，不仅可以满足航天器结构支撑的要求，也可以极大地减轻重量，降低对运载火箭发射能力的要求。

太空为微重力环境，离开或者进入小行星并不需要克服强大的引力。如果未来能够开采小行星上的金属矿产资源，将可以利用铁、镍等金属作为航天器结构制造的材料，利用 3D 打印技术在轨打印航天器结构甚至太空基地。

3. 金属质小行星

金属质小行星是分异的行星胚胎内核被撞碎后形成的，富含铁、镍和铂族贵金属。

一方面，铂族贵金属可以作为奢侈品的原材料。市场上备受追捧的白金首饰的主要原材料就是铂金，尤其受到年轻人的喜爱。另一方面，铂族贵金属也是重要的工业催化剂，在新能源汽车、手机、高端医疗设备等先进制造产业中不可或缺。实际上，铂金的工业需求已经超过了奢侈品需求。

但需要注意的是，并不存在所谓的"铂金"小行星、"黄金"小行星和"钻石"小行星。金属质小行星中铂金含量最高，但其含量也仅约为万分之二，星星点点的铂金散布在铁镍合金和硫化物矿物之中。换句话说，如果单纯以铂金为开采目标，每提取 2 千克铂金，需要冶炼 10 000 千克矿石，在外太空，这意味着极高的冶炼难度。

揭秘："铂金小行星" 2011 UW158 的真实身份

2015 年 7 月 20 日，一颗编号为 2011 UW158 的近地小行星从距离地球 246 万千米处掠过。有大量报道宣传这是一颗铂金小行星，价值超过 5.4 万亿美金。很多人遗憾这么大一笔财富从头顶飞过。那这颗小行星的真实身份是什么呢?

美国国家航空航天局利用光学、红外和雷达望远镜对这颗小行星进行了观测，发现这颗小行星长约 600 米，宽约 300 米，每 37 分钟自转 1 周。但从光谱的角度看，这颗小行星只是一颗普通的岩石质小行星。

那“铂金小行星”是怎么传出来的呢？原来，这是一家公司出于商业宣传和融资需求，故意发布的噱头。从小行星形成的角度而言，太阳系内也不支持存在纯的“铂金小行星”。

二、小行星价值几何?

小行星上的矿产资源究竟价值多少呢？目前还存在很大争议。如果按照地球上矿产资源的价格计算，很容易得到一个天文数字。比如位于小行星带的 16 号小行星“灵神星”，其 95% 的成分为铁、镍和铂族贵金属，根据经济学家的估算，其金属资源价值大约 1000 万万亿美元，而 2022 年全球经济总量仅约 100 万亿美元。这颗小行星的价值相当于全体地球人可以平均分到 12.5 亿美元，从这个角度而言，地球上每个人都是超级富翁呢。

但这种纸面财富只是以地球上矿产资源价格为基准进行的估计。实际上，还要考虑开采小行星上的资源的成本和把小行星上的矿产资源运输到地球的运输成本。“灵神星”在火星和木星之间的小行星带内，距离地球比火星更加遥远。人类目前尚未实现火星取样返回，从距离地球更加遥远的小行星带取样返回，技术更难、任务成本更高。考虑到近地小行星的往返成本更低，如果以将矿产资源带回地球作为目标，近地小行星更适合作为取样返回的目标。

美国在2023年发射了“灵神星”探测器，计划于2029年抵达“灵神星”轨道（图2-2）。科学家猜测“灵神星”可能就是小行星带最终没能长大的行星胚胎的内核，被暴力撞击剥离了幔层和壳层。对其开展探测将首次使得人类有机会近距离接触一颗行星的内核，这对揭示小行星带的形成与演化具有重要意义。不仅如此，“灵神星”探测计划在采矿领域备受瞩目。有人将美国这次“灵神星”探测计划视为美国的“太空圈地运动”。

图2-2 “灵神星”探测计划

三、小行星采矿受法律保护吗？

在联合国框架下，《外层空间条约》和《关于月球的协定》是指导太空资源开发利用的主要国际条约。《外层空间条约》规定："各国不得通过主权要求、使用或占领方法以及其他任何措施，把外层空间（包括月球和其他天体）据为己有。"《关于月球的协定》规定："月球及其自然资源均为全体人类的共同遗产""月球的表面或表面下层或其任何部分或其中的自然资源均不应成为任何国家、组织、自然人的财产"。

显然，在现有联合国框架下，以攫取利润为目标的太空采矿是不被允许的。2015 年 11 月，美国出台了《美国商业太空发射竞争法》，赋予了太空采矿的合法性，明晰了太空资源的私有财产权，意味着私企开采太空资源和进行商业用途在法律层面被允许。2017 年，卢森堡出台了《太空资源勘测与利用法》，宣布"太空资源可以被私有化"，还成立了国家主权基金，投资太空采矿领域的初创企业，致力于将卢森堡打造成全球太空采矿的枢纽。此外，阿联酋、日本等国家也相继出台相关法律，保护商业太空采矿。

四、小行星采矿需要突破哪些技术?

小行星资源开发存在两种经典的途径:原位资源利用和带回地球利用。

原位资源利用是指在深空开发小行星资源,并在深空利用,并不将资源带回地球。比如,开发小行星上的水资源,作为航天器的燃料。这样可以将碳质小行星变成深空探测器的燃料加注站,从而减少从地球携带的燃料量,极大地拓展航天器的活动范围。再比如,利用小行星上金属资源在轨 3D 打印航天器等。

带回地球利用是指将小行星上资源冶炼后带回地球,或者将小行星矿石甚至小行星整体捕获后带回地球附近,在地球上或者地球轨道上利用。

1. 资源勘探技术

(1)远程资源勘探:远程资源勘探指通过地面或者太空望远镜对小行星进行远程光谱观测,获取小行星的材质类型、物质成分等信息。远程资源勘探的优势在于成本较低,可以对大量目标进行观测;但缺点是获取的信息不够准确,只能大致判断小行星的材质和主要矿物成分。

(2)原位资源勘探:原位资源勘探指通过航天器对小行星进行飞越、环绕和着陆等抵近探测,获得小行星的精细物质成分信息。原位资源勘探的优点是能够对小行星的矿产资源进行详查，但缺点是成本较高，技术难度也较大。

2. 资源提取技术

（1）资源开采技术：资源开采技术指如何从小行星上将有效矿石开采出来，需要对小行星进行表面作业，涉及附着、挖掘、分割、筛检等过程。

（2）资源冶炼技术：资源冶炼技术指如何从矿石中冶炼出需要的矿产资源。

（3）资源加工技术：资源加工技术指如何对提取的资源进行加工，形成满足用户需求的资源。比如：将水资源加工成液氢和液氧，利用小行星上的金属在轨打印航天器部件或者建设太空基地。

（4）资源储存技术：资源储存技术指如何将获取的资源进行封装、储存，建设资源仓储环境。

（5）废弃物处理技术：废弃物处理技术指处理太空资源提取过程中产生的废弃物，形成可持续的太空采矿环境。

3. 资源转运技术

资源转运技术是指将资源转运到目的地。资源包括提取的高价值有效资源，也包括筛选出来的矿石以及小行星上的岩石，甚至整个小行星。将资源转运到目的地涉及先进推进与动力技术、导航制导控制技术、空间物体抓捕技术、拖曳变轨技术、交会对接技术、在轨转运与加注技术等。

五、商业小行星采矿进展

2012 年后，国际上涌现了一批以小行星采矿为目标的商业航天公司，但尚未有一家公司成功抵达小行星。目前看，由于技术难度、采矿成本、需求等因素，还没有探索到可行的小行星采矿商业模式。第一代小行星采矿商业航天公司，在 2019 年被收购或者转型，宣告第一阶段的小行星采矿探索以遭遇挫折而告终。但 2019 年后，第二代小行星采矿商业航天公司在吸取第一代小行星采矿商业航天公司的经验教训的基础上，正在开展新的探索。

那些网红小行星采矿公司

六、小行星采矿有未来吗?

尽管目前小行星资源开发技术尚不成熟，商业模式也不清晰，但小行星上矿产资源是真实存在的，未来也一定能够成为人类探索深空、拓展地外生存空间的物质基础，这也是尽管第一代小行星采矿商业航天公司倒下后，还不断有商业航天公司前仆后继的原因。

去太空挖铂金？没那么简单

获取小行星资源具有战略价值，需要密切关注小行星采矿的技术进展和商业临界点。同时，通过发展小行星采矿，也可以增进对小行星的认识和理解，对行星防御也有帮助。政府牵头组织的小行星探索和防御活动，也将为发展小行星资源利用验证关键技术并蓄积人才和基础研究力量。政府和社会资本合作的 PPP（Public-Private Partnership）模式，也许是未来采矿发展的较为现实的模式。

假以时日，当小行星资源开采技术成熟后，随着行星际运输成本的降低，太空采矿可能成为地球经济发展的新引擎，勇于探索的星辰大海弄潮儿终将获得宇宙的无价回馈。

第二节　天外来客

神奇的钻石小镇

小行星撞击地球会带来剧烈的灾害，导致生灵涂炭、万物凋敝，无数物种因为小行星撞击从地球消失。站在地球动态演化的角度，小行星撞击地球并非绝对是坏事，某种程度上，正是小行星撞击造就了我们这颗勃勃生机的蓝色星球，促进地球生物从低等级向高等级进化。

一、陨石

小尺寸小行星撞击地球会带来陨石。陨石作为研究太阳系形成与演化的“时光胶囊”，具有重要的科研价值。由于其稀缺性和独特的形状、纹理，在收藏市场上也备受欢迎。部分稀有陨石的市场价格超过了黄金数倍，甚至还催生了陨石猎人的职业。

图 2-3“曼桂一号”陨石

揭秘：何处寻陨石？

伴随目击火流星事件降落到地表的陨石被称为目击陨石。目击陨石一般比较新鲜，价值更高。比如：2018 年云南西双版纳火流星事件中，就有大量目击陨石陨落到地表，其中较大的两块为“曼桂一号”陨石（图 2-3）和“曼桂二号”陨石（图 2-4），质量分别为 1228 克和 717 克。

图 2-4 “曼桂二号”陨石

在沙漠、南极等地方发现的不明降落时间的陨石称为发现型陨石；一般来说，发现型陨石的价格要低于目击陨石，除非陨石的类型更为特殊。在南极和沙漠等干燥的地区，陨石得以长时间保留，因此南极和沙漠等干燥的地区成为陨石搜索的热门目的地。中国新疆的沙漠、西北非撒哈拉沙漠都是著名的陨石富集区。目前国际市场上流通的陨石大部分来自西非撒哈拉沙漠，除非特殊类型和特殊意义

图 2-5 沙漠陨石

图 2-6 南极陨石

的陨石，绝大部分发现型陨石价格相对低廉。

在南极，陨石在冰川移动作用下，集中分布于某些区域，形成陨石富集区。南极“猎陨”成为南极科考的重要科学目标之一。在南极曾经发现了包括月球陨石、火星陨石在内的稀缺陨石。我国也开展了多次南极“猎陨”的科考活动，收获了大量陨石样品。但南极“猎陨”是一件极具风险的事情，我国科考队员在“猎陨”过程中也发生过危险，但这并未阻止我国科考队员的“猎陨”行动。我国在南极收集的陨石样品数量居于世界前茅。南极科考是一个国家综合实力的象征，有实力的国家才能组织起南极科考。

二、陨石坑

大尺寸小行星撞击在地表形成陨石坑。陨石坑作为一种地质奇观，是旅游的重要目的地。地球上第一个被确认的撞击坑——流星撞击坑，也称为巴林杰陨石坑（图 2-7），至今仍然在为巴林杰家族创造财富。我国岫

图 2-7　巴林杰陨石坑

岩陨石坑也是旅游爱好者打卡的地方。

揭秘：世界上第一个陨石坑是如何被发现的？

巴林杰陨石坑是世界上第一个被证认的陨石坑，也是世界上保存最完好、最漂亮的陨石撞击坑。它直径 1 186 米，深度 170 米，起源于 4.9 万年前的一次小行星撞击事件，“肇事者”是一颗直径约 30 米的金属小行星。它的发现充满了传奇故事。

巴林杰陨石坑位于美国亚利桑那州的荒漠之中。1871 年，一个美国陆军侦察兵第一个报告发现了这个大坑。1886 年，一个牧羊人在坑周围发现了一块密度比较重的岩石，以为是银矿石。科学家化验发现这块岩石含有 92% 的铁、7% 的镍，与陨石组成一样。

1891 年，化学家艾伯特•富特博士参观了这个撞击坑，采集了 100 多块陨石样品，并在样品中发现了金刚石，这意味着样品经历了高压作用。富特博士的发现引起了美国地质调查局首席专家吉尔伯特博士的注意。吉尔伯特博士认为，如果是一颗小行星撞击地球，小行星的主体应该埋在陨石坑下方，陨石坑附近一定会有磁异常。测量发现附近没有任何磁异常信号，因此吉尔伯特博士判断，这个坑就是一个火山口，是地下火山蒸汽爆炸导致的。由于吉尔伯特博士是权威专家，因此，没有人质疑他的结论，这个坑的形成原因被“盖棺定论”。

图 2-8　巴林杰

巴林杰（图 2-8）是一名商人，他靠投资银矿成为富商。有一天，他听朋友霍辛格说了这个大坑的事情。长期采矿经历给了巴林杰一个直觉——这是一个小行星撞击形成的陨石坑，地下一定埋藏着大量铁和镍，他估计价值超过 10 亿美元。因此他果断和朋友们成立了一个采矿公司，并且以 300 多美元的价格买下了周围 2.6 平方千米的土地。

巴林杰和霍辛格花了 27 年时间，对坑周围进行了详细的钻探，挖掘深度达 419 米，他们发现了重达 1406 磅（1 磅约等于 0.45 千克）的铁陨石，并将其命名为霍辛格陨石，但除此之外，几乎一无所获。1906 年，巴林杰发表了题为《克恩山及撞击坑》的论文，提出了这个坑的小行星撞击成因。

他们花光了 60 万美元，濒临破产。1929 年，巴林杰被迫停止了钻探工作。这一年美国天文学家福雷斯特•雷•莫尔顿对陨石撞击能量进行了计算，结论是当陨石坠地时，在高温高压作用下，这颗陨石几乎都被汽化掉了。也就是说，根本就不存在什么巨型铁矿埋在坑内。巴林杰读到了这篇论文几个月后，因心脏病去世。

但巴林杰家族还是获得了回馈。他们成立了巴林杰撞击坑公司，至今还拥有这块地方。如今，这里是陨石坑研究者的圣地，也是热门旅游地，巴林杰陨石坑成为美国西南部最受国际游客青睐的旅游地点之一。

20 世纪 60 年代，尤金 • 舒梅克（图 2-9）和华裔科学家赵景德在撞击坑中找到了柯石英和斯石英，它们只能在瞬间的超高速撞击中产生，不可能由火山爆发产生。这一发现正式确认了巴林杰陨石坑的撞击成因。

图 2-9　尤金 • 舒梅克

揭秘：中国发现的陨石坑

陨石坑研究在国内是个非常小的研究方向。中国科学院广州地球化学研究所陈鸣研究员是中国陨石坑研究第一人。陈鸣于 2002 ～ 2003 年在美国访问期间，认识了华裔科学家赵景德。赵景德正是与尤金 • 舒梅克合作发现巴林杰陨石坑高压矿物证据的科学家，曾经参与了美国阿波罗登月计划，并于 1992 年获得美国陨石学会巴林杰奖章。赵景德一直遗憾，偌大的中国竟然没有发现一处陨石坑，在得知从事冲击变质领域研究的陈鸣在美国参加学术交流时，便两次托人邀请素不相识的陈鸣来家中做客，期望陈鸣开展中国陨石坑研究。

2005 年陈鸣研究员开始从事陨石坑研究，2007 年在辽宁岫岩发现了中国第一个陨石坑。岫岩陨石坑（图 2-10）直径 1.8 千米，深 0.15 千米，形成于 5 万年前，

图 2-10 岫岩陨石坑

位于岫岩满族自治县苏子沟镇罗圈沟里村。从村名可以看出坑的特征——环形并且存在明显的坑缘堆积。与巴林杰陨石坑内一片荒芜形成鲜明对比，岫岩陨石坑内多年来一直有农民耕种并形成村落，春夏秋三季是一片勃勃生机、绿意盎然的景色。当地人把陨石坑内称为“圈里”，坑外的世界称为“圈外”。

2018 年，陈鸣研究员在黑龙江省依兰发现了中国第二个陨石坑——依兰陨石坑（图 2-11）。陨石坑直径 1.85 千米，深 0.15 千米，形成于 4.9 万年前的一次撞击事件，与巴林杰陨石坑形成时期接近，但直径比巴林杰陨石坑大 50% 以上，被认为是近 10 万年以来地球上发现的最大规模的撞击事件。

依兰陨石坑被当地民众称为“圈山”。坑缘南部发生了大规模侵蚀，造成约 2 千米的坑缘缺失，占总长度的三分之一，可能与距今 1 万年前末次冰河时期发生的冰川作用相关。

2023 年，陈鸣研究员在吉林省通化市白鸡峰国家森林公园的山顶发现了中

图 2-11　依兰陨石坑

国第三个陨石坑——白鸡峰陨石坑（图 2-12）。坑直径达 1400 米，从坑缘最高点到坑中心最低点之间的高差达 400 多米，呈冰斗形，如同一个巨大漏斗悬挂在高山上，宏伟壮观。

图 2-12 白鸡峰陨石坑

三、撞击成矿

小行星撞击地球还可能形成矿产资源。这些矿产资源并不是小行星本身的矿产资源。超高速撞击可能会穿透地壳，抵达地幔，引发地球板块的移动、对流，地下岩浆可能会顺着缝隙溢出，从而在陨石坑周围富集矿物。

南非弗里德堡陨石坑周围分布着大量黄金和钻石矿。加拿大萨德伯里陨石坑周围是世界上最大的镍矿分布区。这么看，寻找陨石坑的旅途，也确实是寻宝之旅呢。

揭秘：那些宝藏陨石坑

1. 世界上最大的陨石坑——南非弗里德堡陨石坑

弗里德堡陨石坑（图 2-13）是世界上最大的陨石坑，位于南非弗里德堡。其直径约 248 千米，源于 20.2 亿年前的一次剧烈的小天体撞击事件，那时候陆地上

图 2-13　南非弗里德堡陨石坑

还没有生物。这是已知的世界上最古老的陨石坑。周围分布着大量黄金和钻石矿。

图 2-14 加拿大萨德伯里陨石坑

2. 世界上最大的椭圆陨石坑——加拿大萨德伯里陨石坑

萨德伯里陨石坑（图 2-14）位于加拿大安大略省，直径大约 200 千米，形成于 18 亿年前的一次大型小天体撞击事件。与绝大部分陨石坑是圆形的不同，萨德伯里陨石坑是椭圆形的，很可能是一颗小天体以极低的角度撞击地球导致的。萨德伯里陨石坑周围是世界上最大的镍矿分布区。

图 2-15 希克苏鲁伯陨石坑

3. 希克苏鲁伯陨石坑

希克苏鲁伯陨石坑（图 2-15）位于南美墨西哥湾附近，直径大约 185 千米，形成于 6 500 万年前一次直径大约10千米的小行星撞击事件。有观点认为，正是这次撞击事件，结束了恐龙在地球上长达1.6亿年的统治。希克苏鲁伯陨石坑位于浅海中，1987年在寻找石油的钻探过程中发现了该陨石坑，为白垩纪物种灭绝提供了关键证据。

第三节 美丽的流星雨

关于流星雨，你知道哪些知识呢？

一、流星、流星雨和流星暴的关系

我们所在的太阳系是个热闹的大家庭。除了太阳、八大行星及其卫星、矮行星之外，还存在浩如烟海的小行星和彗星，更小尺寸的微流星体，以及微米大小的宇宙尘埃。

地球、小行星、彗星、微流星体、宇宙尘埃都围绕着太阳运行，它们的轨道存在交叉。如果它们在相同的时间和相同的地方相遇，就会造成一起太阳系“交通事故”。

彗星是由水冰和沙砾构成的脏雪球，一般会在大气层中解体。小行星主要由固态岩石构成，直径百米以上的小行星通常会直接穿过大气层，抵达地球表面，产生撞击坑，并伴随强烈的冲击波、热辐射、地震和海啸等灾难现象。小尺寸小行星则会在大气层中解体、空爆，形成明亮火球，并伴随轰隆隆的爆炸声。

流星是毫米级至厘米级大小的微流星体高速进入大气层，挤压摩擦大气导致小行星表面温度升高，烧蚀产生的光迹。大部分流星解体高度离地面 80 ～ 120 千米，并且不会伴随声音。

流星雨（图 2-16）是成群的流星与地球相遇。人们看到大量流星从夜空中某一点迸发并坠落的现象，该点也被称为流星雨辐射点，通常以流星雨高峰期最靠近辐射点所在天区的星座命名流星雨。比如狮子座流星雨、英仙座流星雨等。当流星雨超过一定强度（比如每小时天顶流星数超过 1 000 颗），

图 2-16 流星雨

就可以称为流星暴。

二、流星雨从哪里来

流星雨的母体一般为彗星，也有的流星雨的母体为小行星。

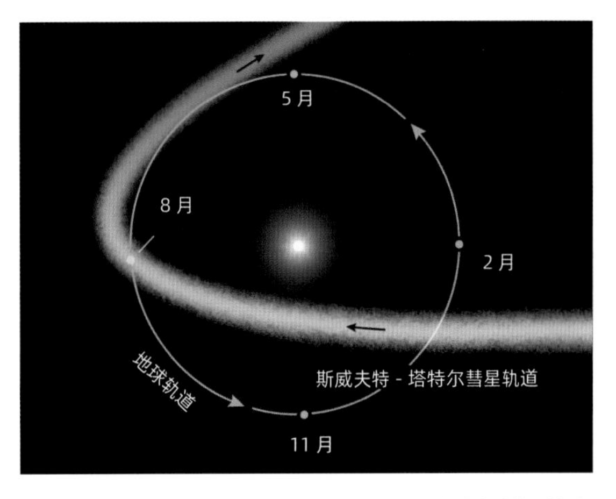

图 2-17 地球穿过彗星轨道

彗星在靠近太阳时，升华的水冰会携带沙砾脱离彗星表面。在引力和光压等扰动作用下，沙砾逐渐散布在彗星运行的轨道上，形成一个布满沙砾的轨道条带。当地球穿过这条沙砾带时，就会发生流星雨现象（图 2-17）。

双子座流星雨的母体为 3200 Phaethon 小行星。为什么小行星会成为流星雨的母体，至今还没有完全解释清楚。其中一种解释是，3200 Phaethon 小行星可能在很久以前经历了一次严重的太阳系“交通事故”，从而产生了大量溅射物，散布在运行轨道上。

此外，3200 Phaethon 小行星是近日点最靠近太阳的小行星之一，最近距离仅约 2 900 万千米，比水星到太阳的距离还近一半，在太阳光蒸发消融作用下，3200 Phaethon 小行星在靠近太阳时会出现一个小的尘埃尾。

图 2-18　狮子座流星雨 1883 年的超强爆发

三、世界上知名的流星雨

象限仪座流星雨、英仙座流星雨和双子座流星雨被称为北半球三大流星雨，每小时天顶流星数量均超过 100 颗。

狮子座流星雨也是极负盛名的“流星雨之王”。它的强度呈现出明显的周期特征，流星雨平时强度较低，大约每小时 10 ～ 15 颗流星，但平均每 33 ～ 34 年，狮子座流星雨就会出现一次高峰期，流星数目每小时可超数千颗，从而形成流星暴。

1883 年，狮子座流星雨迎来了一次超强爆发，创下了每小时 10 万颗流星的强度纪录，让狮子座流星雨收获了“流星雨之王”的美名。

狮子座流星雨上一次爆发是在 2001 年左右，据事后统计，高峰期每小时接近 9 000 颗流星从天空划过。预计狮子座流星雨下一次爆发在 2034 年左右。

四、流星有哪些颜色?

细心的你可能会发现流星有不同的颜色。不同颜色的流星有什么区别呢？其实流星颜色是流星体的化学成分及反应温度的体现，不同成分的流星穿过大气层时，会显示出不同的颜色。

流星体的主要成分为钙、镁、钠、铁、硅等元素。不同元素在烧蚀时会发射出不同波长的光。比如：钙原子发生紫色的光；镁原子发出蓝绿色的光；钠原子发出橘黄色的光；铁原子发出黄色的光；硅原子发出红色的光。

流星的颜色还与烧蚀温度相关。很多流星在初始阶段往往会拖着一条绿色的尾巴，对应着高层大气中氧原子的发射谱线。随着温度的升高，流星本体受到更多烧蚀，逐渐呈现出流星本体物质的发射光谱特征。不同物质成分的烧蚀温度不同，进一步增加了流星光谱的复杂性。

五、流星雨会危害航天员安全吗?

空间站被流星击中的概率非常低，但并不等于没有可能性。

“奥林巴斯 1 号”是 20 世纪 80 年代欧洲空间局的通信卫星，在当时是有史以来建造的最大的民用通信卫星。1993 年 8 月 11 ～ 12 日英仙座流星雨的高峰期，这颗卫星姿态失控并开始旋转。据推测可能是被斯威夫特–

塔特尔彗星（109P / Swift-Tuttle）的碎块击中并损坏。最终，“奥林巴斯1号”卫星被送到了“卫星垃圾场”——坟墓轨道。

在选择航天发射窗口时，会尽量规避流星雨峰值时刻。1997～2002年正值狮子座流星雨33年一次的回归期，产生这一著名流星雨的母体坦普尔-塔特尔彗星（55P/Tempel-Tuttle）回到近日点，由于与地球轨道非常接近，聚集在彗星前后的流星体微粒以高速喷向地球，产生远超平时的流星暴。在此期间发射或运行的航天器，势必要考虑可能来自流星暴的影响。中国科学院空间环境预报中心专家预测发现，“神舟一号”飞船（图2-19）原定发射时间为1999年11月18日北京时间7时，正逢狮子座流

图2-19 “神舟一号”发射

星暴最强期，而 11 月 20 日 7 时流星暴则已结束。当时飞船应用系统总设计师顾逸东建议飞船推迟 2 天发射，保障了“神舟一号”的安全运行。

六、流星雨一定发生在晚上吗？

不，白天也有流星雨。只不过白天光线过于强烈，人们通常无法看到白天发生的流星雨。现代科学家借助流星雷达等设施，已经可以研究白天发生的流星雨。

六分仪座（Sextantids）流星雨就发生在白天，每年 9 月 27 日左右达到峰值。由于发生在白天，且六分仪座流星雨的辐射点靠近太阳，是最难观测的流星雨之一。可以在日出之前观看六分仪座流星雨，最佳观测时间为凌晨 4 点半。

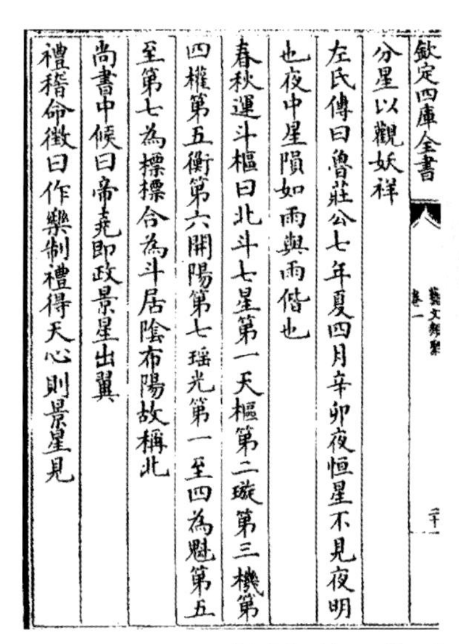
欽定四庫全書　藝文類聚　卷一

分星以觀妖祥

左氏傳曰魯莊公七年夏四月辛卯夜恒星不見夜明也夜中星隕如雨與雨偕也

春秋運斗樞曰北斗七星第一天樞第二璇第三機第四權第五衡第六開陽第七瑤光第一至四為魁第五至第七為標標合為斗居陰布陽故稱北

尚書中候曰帝堯即政景星出翼

禮稽命徵曰作樂制禮得天心則景星見

图 2-20　《左传》对流星雨的记载

揭秘：古人见过流星雨吗？

古人不仅见过流星雨，还做了详细记录呢！

中国是最早记录流星雨的国家。《竹书纪年》中就有“夏帝癸十五年，夜中星陨如雨”的记载。《左传》中有“夏四月辛卯夜，恒星不见，夜明也，夜中星陨如雨”的表述（图 2-20），所记载的流星雨发生在鲁庄公七年（公元前687年）四月，是世界上最早的关于天琴座流星雨的记录。

有专家统计，我国古代与流星雨有关的记录有180次之多。其中记录天琴座流星雨约有9次，英仙座流星雨约12次，狮子座流星雨有7次。

关于流星雨的动人场面，中国古代的记录也很精彩。据《宋书·天文志》记载，南北朝时期，刘宋孝武帝“大明五年……三月，月掩轩辕……有流星数千万，或长或短，或大或小，并西行，至晓而止”。

第四节　与小行星的“亲密接触”

一、第一次飞掠探测小行星

“伽利略号”探测器是美国国家航空航天局的木星探测器，于1989年10月18日搭乘航天飞机发射升空，之后利用金星和地球的“引力弹弓”调整轨道能量后，飞向木星。除了对木星开展了大量卓有成效的探测，“伽

知识链接

引力弹弓

探测器在近距离飞掠行星时，行星的引力会改变探测器轨道，使得探测器轨道相对太阳加速、减速或者改变方向，这种借助行星引力改变探测器轨道的变轨方式被称为引力弹弓。

探测器相对太阳的速度可以看作是探测器相对行星速度与行星相对太阳速度的合成。在飞越行星后，如果两者的夹角为锐角，则探测器相对太阳会加速；反之，如果两者的夹角为钝角，则探测器相对太阳会减速。

使用引力弹弓不消耗燃料就可以改变探测器的轨道，会节省极其宝贵的燃料。

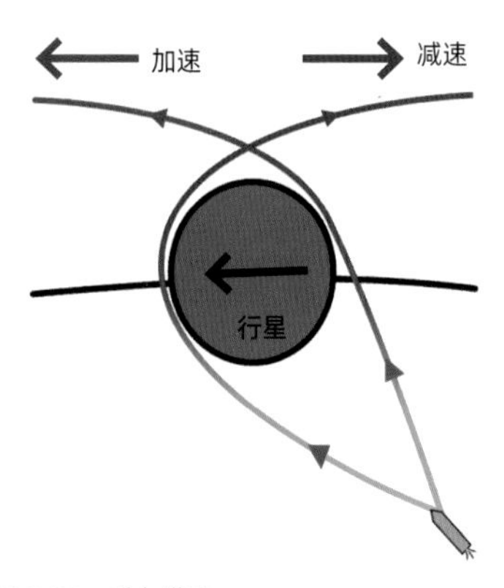

图2-21　引力弹弓

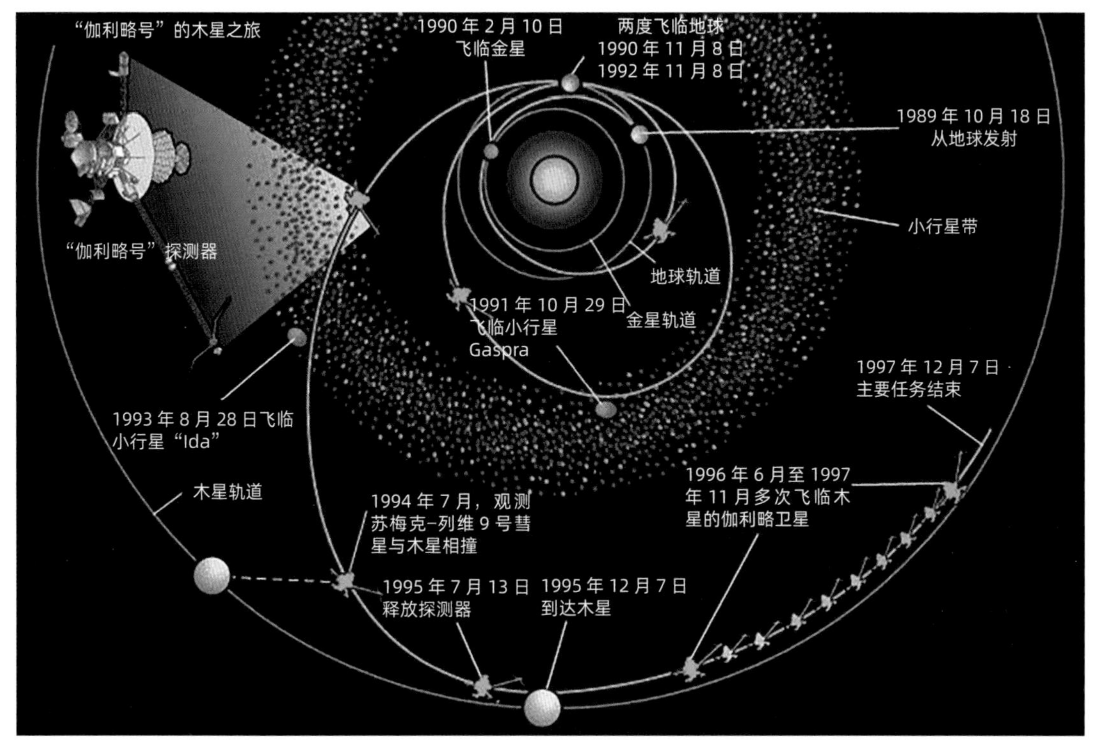

图 2-22　"伽利略号"探测器探测轨迹

利略号"探测器在小行星探测方面也独领风骚。

在两次飞临地球借力之间，"伽利略号"探测器抵达小行星带内侧，在 1991 年 10 月 29 日飞越了主带小行星 Gaspra（图 2-23），距离这颗主带小行星最近距离

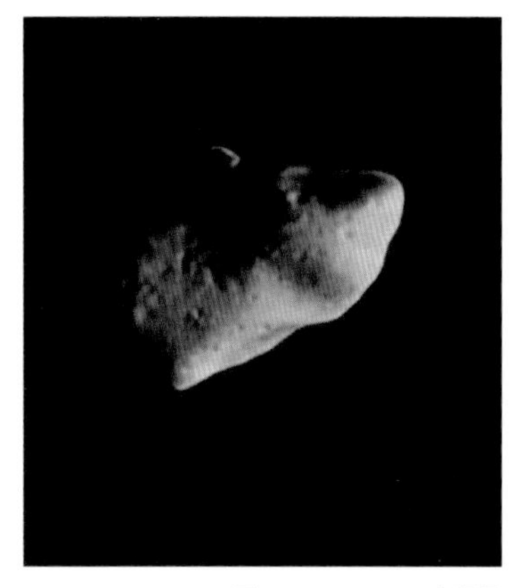

图 2-23　Gaspra 小行星

仅 1 600 千米，获取了小行星表面的清晰图像，分辨率约为 54 米 / 像素，这是人类首次近距离飞掠一颗小行星。图像中撞击坑清晰可见，为研究小行星形貌提供了第一手信息。

奇迹还没结束。在借助地球“引力弹弓”完成最后一次加速、飞向木星的途中，“伽利略号”探测器再次抵达小行星带。这次“伽利略号”探测器要从小行星带中穿过，很多科学家担心探测器穿行在小行星带中会被碎石击中。幸运的是，即使是小行星带，小行星之间的空隙也比较大，“伽利略号”探测器安全通过小行星带。科学家决定让“伽利略号”探测器再次飞越一颗小行星。这次迎来了又一次“中奖”机会。1993 年 8 月 28 日，“伽利略号”探测器飞越了 Ida 小行星并拍下了图像（图 2-24），与 Ida 小行星最近距离约 2 400 千米。科学家惊奇地发现，这颗小行星竟然还有一个“小月亮”！另外一颗小行星在围绕着 Ida 小行星旋转。就像地球有月亮一样，小行星竟然也可以拥有自己的卫星！

之前有科学家认为小行星也有“小月亮”，但认为有“小月亮”的小行星很少。而“伽利略号”的发现让科学家相信，也许有“小月亮”的小行星可能并不稀有。今天，我们已经知道，近地小行星群体中大约 16% 的小行星是

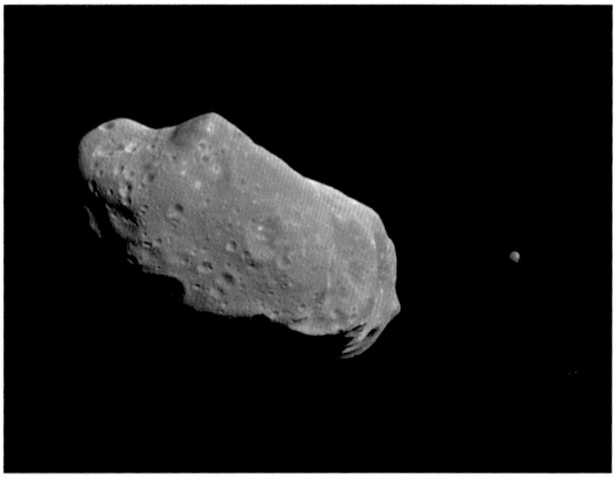

图 2-24　Ida 小行星和它的卫星 Dactyl

以双小行星的形式存在的。2021 年美国国家航空航天局发射了“双小行星重定向测试”（以下表示为 DART）任务，这是人类首个小行星防御在轨验证任务，就以双小行星为试验对象。

“伽利略号”探测器带来的奇迹还没有结束。1994 年 7 月 17 日 4 时 15 分，舒梅克–列维 9 号彗星与木星相撞，这一太阳系盛事赢得了全球举世瞩目。但遗憾的是，由于视角问题，地球附近的望远镜无法直接观察到撞击过程，只有飞往木星途中的“伽利略号”卫星以独特的视角拍到了彗木相撞图片。

二、第一次绕飞探测近地小行星——爱神星

1898 年 8 月 13 日晚，德国天文学家维特在对主带小行星 185 Eunike 进行观测时，在一张照片底片上，发现除已知的 185 Eunike 小行星，还有另外一个长长的条状星象。他很快意识到，这是由一个未知的快速移动的小行星造成的。德国天文学家贝尔贝里希计算出这个未知小行星的轨道，发现它能越过火星，其轨道距离地球最近约 60 倍地月距离。该小行星成了第一颗近地小行星，编号为 433，并以希腊神话中爱神的名字“Eros”命名为“爱神星”（图 2-25）。

100 年后的 1998 年，美国的“舒梅克号”探测器飞掠爱神星，并于

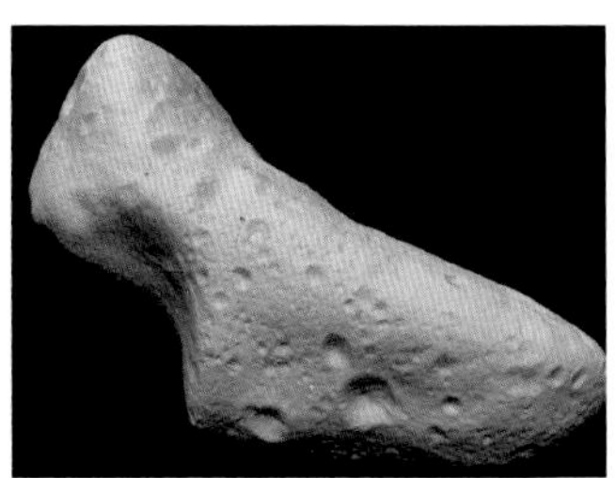

图 2-25 爱神星　图 2-26 “舒梅克号”探测器在爱神星上着陆

2000 年 2 月 14 日进入爱神星绕飞轨道，2001 年 2 月 12 日软着陆于爱神星表面，使得爱神星成为人类探测器登陆的第一颗近地小行星（图 2-26）。

三、第一次绕飞探测主带小行星——“黎明号”

“黎明号”是第一个对主带小行星进行绕飞探测的探测器（图 2-27），由美国国家航空航天局发射，对小行星带中最大的两颗天体——灶神星和谷神星实施了绕飞探测（图 2-28）。“黎明号”也是首个对矮行星（谷神星在 2006 年后被归为矮行星）进行探测的探测器。

“黎明号”探测器于 2007 年 9 月从肯尼迪航天中心发射升空，利用

图 2-27 “黎明号”探测器

图 2-28 “黎明号”探测号探测灶神星

离子推进发动机进行变轨，于2009年2月飞掠火星，利用火星的“引力弹弓”增加轨道能量，2011 年 9 月抵达了灶神星轨道。对其完成了约 9 个月的探测后，2012 年 6 月离开灶神星飞向谷神星，2015 年 2 月抵达了谷神星轨道，对谷神星开展绕飞探测。

“黎明号”发现灶神星具有完整的核—幔—壳结构，可能是一颗未能长大的“行星胚胎”。“黎明号”还考察了灶神星上巨大的撞击盆地，可能是地球上 HED 陨石的最大来源地；发现谷神星表面有水、盐和一些有机物，曾经是一个海洋世界；发现了谷神星表面亮斑中含有大量碳酸钠盐，表明谷神星不久前仍然存在地质活动。

四、第一次撞击探测彗星——“深度撞击”

“深度撞击”是美国国家航空航天局的彗星撞击任务，也是人类第一个小天体撞击任务。目标是通过撞击，在彗星表面形成撞击坑，并将彗星内部物质激发出来，从而研究彗星内部结构与物质成分，找到包括水冰和有机物的证据，为研究太阳系形成及地球上生命起源提供线索。

2005 年 1 月 12 日，“深度撞击”探测器发射成功。2005 年 7 月 3 日，“深度撞击”任务利用一颗重约 372 千克的小卫星，在距离地球 1.5 亿千米之外，以约 10.2 千米 / 秒的速度撞击了直径约 6 千米的“坦普尔一号”彗星（9P）的彗核（图 2-29），撞击当量相当于 4.7 吨 TNT 炸药。

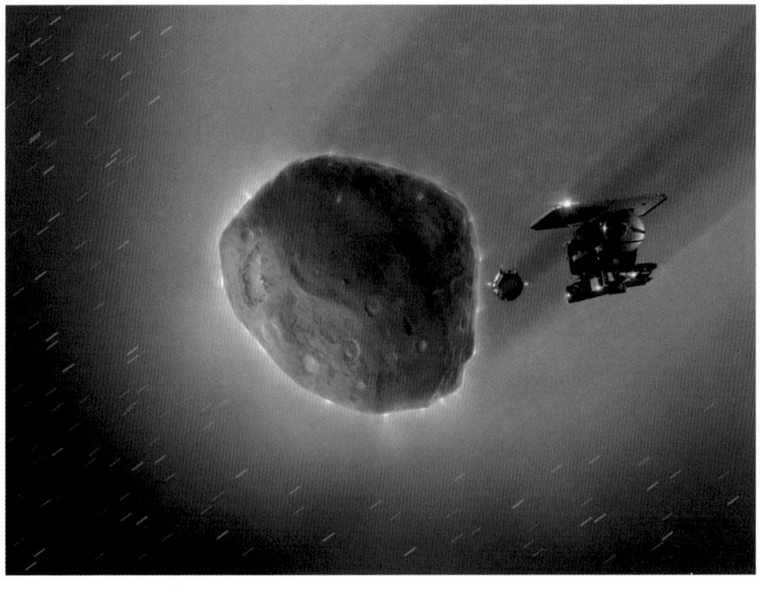

图 2-29 “深度撞击”任务

探测器约在撞击前 1 天与撞击器分离，大约几分钟后，飞越了彗星，最近距离彗星表面约 500 千米。利用携带的高分辨率相机和中分辨率相机监视撞击过程，拍摄了撞击形成的闪光效应、溅射尘埃云和彗核。但由于溅射物尘埃云遮蔽了撞击坑，导致观测器无法实时评估撞击坑的大小。撞击器拍摄了冲向彗星途中的照片，直到撞击前 3.7 秒，图像通过观测器传回地球。接下来几天，向地球回传了约 4 500 张图片。科学家确认该小行星来自奥尔特云，并且表面孔隙率高达 75%，内部孔隙率高达 50%，比预想的更为“蓬松”。

美国同步利用地基望远镜和天基望远镜对撞击过程进行了监测。根据 Swift 太空望远镜在 *x* 射线波段的监测数据，估计至少 2.5 万吨水被撞击释放出来，远比预想的多。观测还显示，大约 12 天后，彗星才恢复正常状态。

2011 年，美国利用“星尘号”（Stardust-NExT）探测器飞越了“坦普尔一号”彗星，通过拍摄图像评估撞击坑直径约为 200 米。通过计算分析，预期撞击对彗星的轨道速度改变量约为 0.1 微米 / 秒，使得彗星的近日点减少 10 米，轨道周期减少数远小于 1 秒。

五、第一次绕飞探测彗星——“罗塞塔”

“罗塞塔”是欧洲空间局的彗星探测器，也是人类第一个绕飞并释放着陆器登陆彗星的探测器。其目标是通过对彗星的绕飞和着陆探测，获取彗星的成分、结构等信息。

“罗塞塔”探测器于 2004 年 3 月 2 日在法属圭亚那由阿丽亚娜 5 运载火箭发射升空，在 2005 年 3 月 4 日、2007 年 2 月 25 日、2007 年 11 月 13 日、2009 年 11 月 13 日分别实施了地球、火星、地球和地球“引力弹弓”，改变轨道能量和方向，历经 10 年长途跋涉，于 2014 年 8 月 5 日成功进入环绕 67P 彗星的轨道。如果从“罗塞塔”任务被批准研制（1993 年）开始算起，已经历时 21 年。因此深空探测任务非常考验人的耐心，需要一代人持续付出，才能看到收获。

图 2-30 “罗塞塔”探测器释放“菲莱”着陆器

2014 年 11 月 12 日，“罗塞塔”探测器释放了“菲莱”着陆器（图 2-30），由于彗星引力微弱，在接触到小行星表面时，“菲莱”经历了弹跳，最终落到了一处没有阳光的峡谷里。尽管如此，“菲莱”还是获取了彗星表面极其宝贵的科学数据。

六、第一次小行星取样返回——“隼鸟号”

“隼鸟号”是日本宇宙航空研究开发机构（JAXA）的小行星探测器，是人类首个实现小行星取样返回任务的探测器。其目标是对“糸（sī）川”小行星进行探测，并将样品带回地球。“隼鸟号”发射后，命运多舛，陀螺仪等多次出现故障，最终一一化解，历尽千辛万苦，成功将小行星样品带回地球。“隼鸟号”也被称为“不死鸟”。这是继 1972 年美国阿波罗载人登月并采样返回之后，人类第二次将地外天体样品带回地球。

2003 年 5 月 9 日，“隼鸟号”从日本鹿儿岛发射升空。但“隼鸟号”出师不利，刚发射不久就遇到了超强的太阳爆发，“隼鸟号”的一部分太阳能帆板失效，电量供应能力下降。

2005 年 7 月 29 日，“隼鸟号”首次拍摄到目标小行星“糸川”，然而，仅仅两天后的 7 月 31 日，就出现了麻烦——其 x 轴姿态控制装置失灵，好在还可以利用发动机调整探测器的姿态。2 个月后，“隼鸟号”的 y 轴姿态控制装置也失灵了。

进入 11 月，“隼鸟号”开始多次着陆尝试。由于着陆时通信天线无法对准地球，导致地面并不了解“隼鸟号”的情况，也不知道“隼鸟号”

是否有条件着陆。11 月 12 日，“隼鸟号”下降到距离小行星表面仅 55 米的地方，原本准备着陆的“隼鸟号”发生了故障，停在了半空中，地面工作人员以为“隼鸟号”已经接近了小行星表面，于是就释放了着陆器。由于小行星引力太弱，最终着陆失败，着陆器逃逸到太阳系中成了一颗人造天体。

11 月 20 日，“隼鸟号”首次“触摸”到了小行星“糸川”，因为不明故障，在 10 米高的半空中停留，并进入安全模式，此时地球基站发出了放弃着陆和上升的指令。然而，还没等“隼鸟号”收到这一指令，就已自行降落在了小行星表面上（图 2-31）。

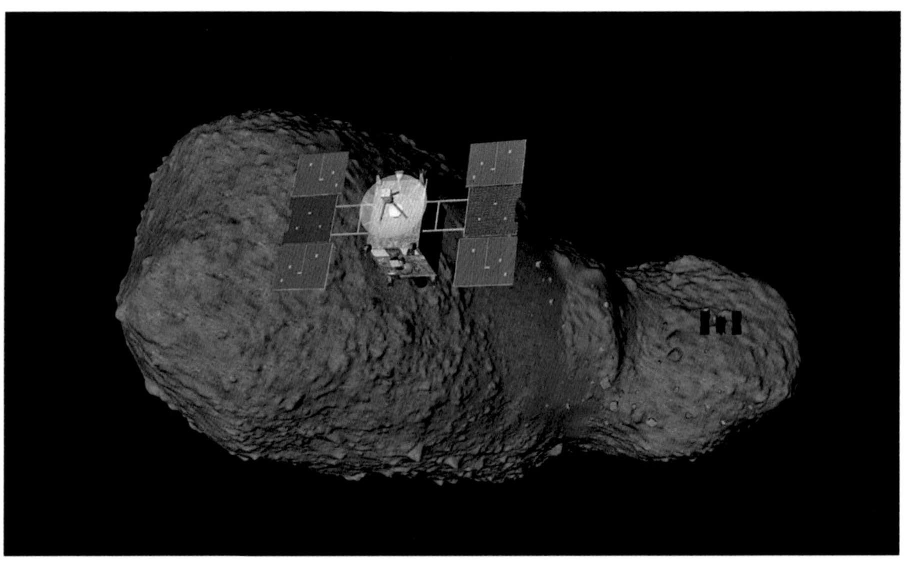

图 2-31 “隼鸟号”探测“糸川”小行星

11 月 26 日，“隼鸟号”第二次“触碰”到小行星，并采集了约 1 500 颗微粒。在上升时，发动机存在燃料泄漏问题。由于燃料泄漏太多，“隼鸟号”的姿态几乎处于失控状态。这意味着探测器的通信天线无法对准地球，随时都有失联的可能。12 月 8 日，“隼鸟号”与地球失联了。在地面人员的抢救下，失联之后的第 46 天，地球终于等到了来自“隼鸟号”的信标信号。

接下来，还有一个艰巨的任务——返回地球。2007 年 4 月 25 日，病入膏肓的“隼鸟号”正式开始返航。2009 年 11 月 4 日，“隼鸟号”的 4 台离子发动机坏了 3 台。控制工程师小心翼翼地操纵着机能不全的“隼鸟号”

图 2-32 “隼鸟号”采集小行星样品

来到地球附近。最终，大难不死的“隼鸟号”成功着陆在澳大利亚沙漠中，首次完成了人类将地外天体样品带回地球的任务。

七、第一次碳质小行星取样返回——“隼鸟二号”

美国小行星取样返回计划“OSIRIS-Rex”

“隼鸟二号”是日本发射的第二个实现小行星取样返回任务的探测器，也是世界上首次实现对碳质小行星进行探测并采集回样品的小行星探测器。在“隼鸟二号”采集回来的样品中发现了氨基酸、核苷酸等与生命起源密切相关的物质，引发了极大轰动。

图 2-33 “隼鸟二号”采集“龙宫”小行星样品

相比“隼鸟号”，“隼鸟二号”的探测之旅要顺利得多。“隼鸟二号”探测器于 2014 年 12 月 3 日从日本种子岛宇宙中心发射升空，2018 年 6 月与小行星“龙宫”相遇，对其进行探测，并携带样本物质于 2020 年末返回地球。探测器在与回收舱分离后继续太空之旅，在 2031 年左右抵达 1998 KY26 小行星进行绕飞探测。

八、中国第一次飞越探测小行星——“嫦娥二号”

2011 年，中国第二颗月球探测卫星“嫦娥二号”在完成月球探测任务后，飞向日地系统第二拉格朗日点开展拓展试验。随后改变轨道，在 700 万千米之外，以 10.73 千米 / 秒的速度飞越了图塔蒂斯小行星，距图塔蒂斯小行星最近距离仅约 3.2 千米，获取了小行星的表面图像，对小行星抵近探测

美国小行星飞越探测任务为何用“人类老祖母”命名

图 2-34 “嫦娥二号”飞越图塔蒂斯小行星间隔成像照片

的能力进行了演练，也创造了当时中国深空探测的最远距离。“嫦娥二号”工程获得了国家科技进步特等奖。

揭秘：中国的小天体“一路一带”探测计划

中国计划在2025年实施“天问二号”小天体取样返回探测任务，计划在近地小行星2016 HO3上采集样品并带回地球，之后飞向小行星带，对一颗主带彗星311P进行探测。由于近地小行星2016 HO3与地球共享轨道，311P处于小行星带，这次计划也被称为太阳系“一路一带”计划，也有人将其称为“郑和号”，象征中国人向星际进发的雄心壮志。

2016 HO3 小行星是一块来自月球的石头吗？

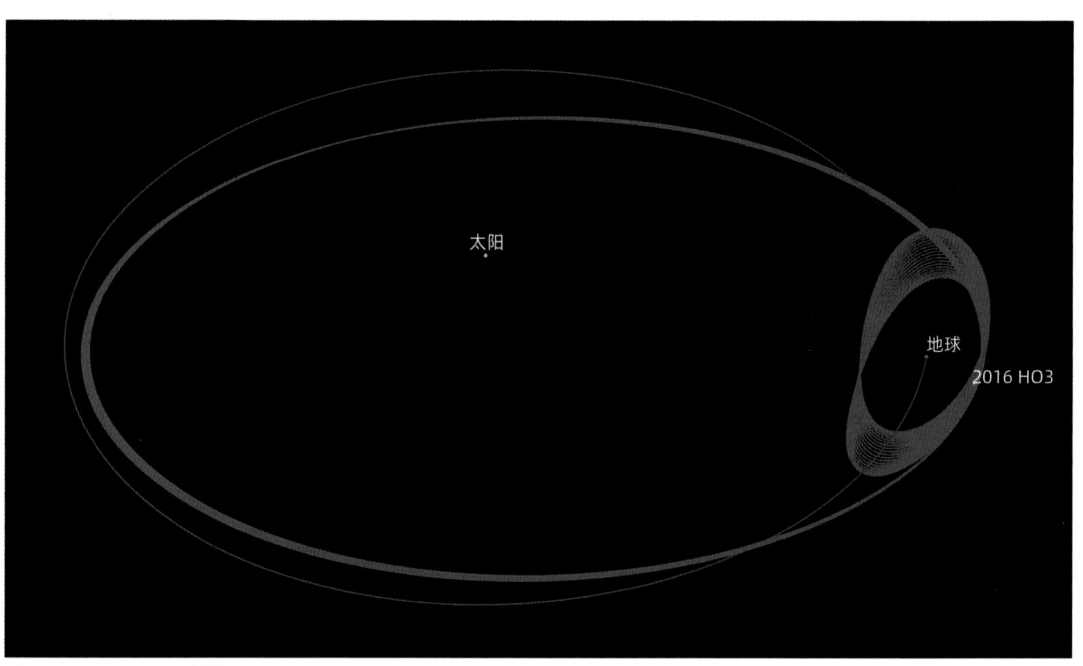

图 2-35 2016 HO3 小行星

第三章

小行星与地球生命更替

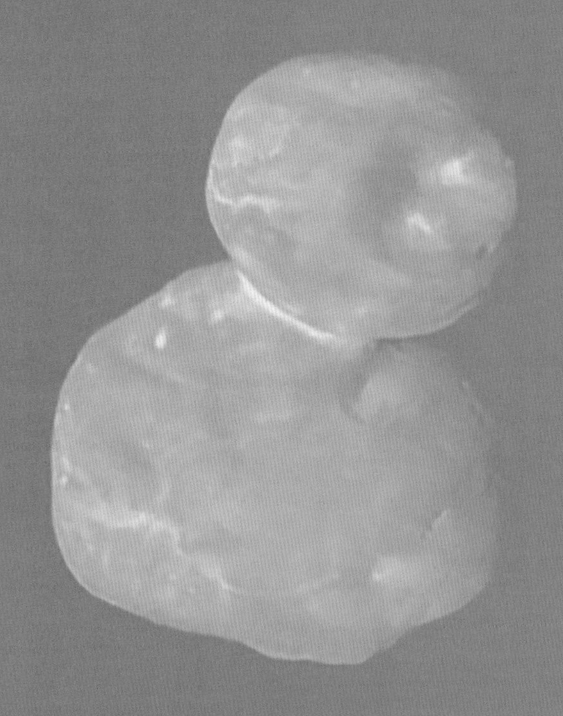

第一节 地球生命的萌芽与演化

地球约在 46 亿年前诞生，几乎与太阳年龄相当。自地球诞生以来，经历了冥古宙、太古宙、元古宙、显生宙复杂的演化过程，发展出今天高度发达的人类文明。这个过程中，小行星发挥着至关重要的作用。

在地球诞生时期，在形成行星的“滚雪球”的过程中，地球也吸纳了无数小天体，为地球的诞生提供了原材料。

在地球诞生初期，小行星和彗星的撞击为地球带来了水和有机物，为今天海洋的诞生奠定了基础，也为地球早期生命萌芽提供了物质基础。

小行星撞击驱动生物圈的物种更替，加速了地球的物种演化，更能适应恶劣环境的物种才能出现在地球的舞台上；6 500 万年前的撞击事件，结束了恐龙时代，为哺乳动物提供了机会。

未来，小行星撞击也可能会改变人类在地球上的生存环境。如果我们不重视小行星防御，也许有一天人类也会随着小行星撞击消失在地球的历史长河中。

让我们回顾一下，漫漫历史长河中，地球上的生命之歌。

一、冥古宙

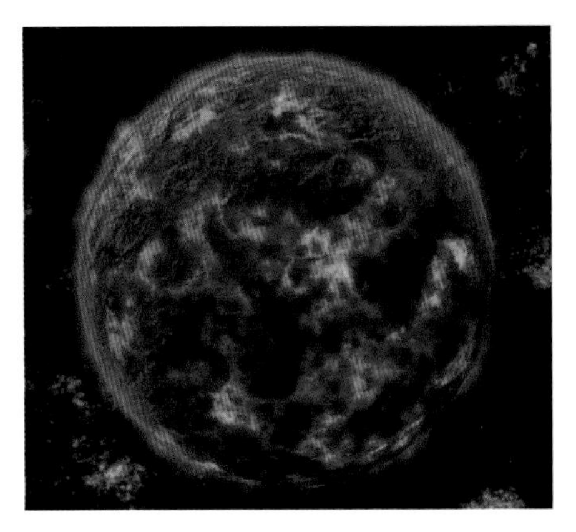
图 3-1　冥古宙

冥古宙距今约 45.6 亿～ 40 亿年，以希腊单词“地狱”命名。这一时期是地球的形成初期，撞击带来的动能、放射性元素衰变释放的热量，使得地球处于炽热的“岩浆海洋”状态，重元素下沉到地心形成地核，地表到处覆盖着滚烫的岩浆。

这一时期，发生了形成月球的天地大冲撞事件。一颗代号为“忒伊亚”火星大小的天体，狠狠撞击了地球，改变了地球极轴的指向，撞击溅射物形成了月球。在冥古宙时期的地球过于炎热，犹如地狱般恐怖，地表上无法存留液态水和有机物，不具备孕育生命萌芽的条件。

二、太古宙

太古宙距今 40 亿～ 25 亿年，以希腊单词“起源”命名。太古宙早期，木星在太阳系内的轨道迁移，导致了晚期重轰炸，无数小行星和彗星砸向地球，为地球带来了充沛的水分和有机物，形成了液态海洋，为孕育生命提供了物质基础（图 3-2）。

太古宙是地球圈层结构发展的时期，随着地球表面温度逐渐降低，开

图 3-2 太古宙

始出现地壳。但由于火山活动强烈而活跃，地壳很容易被岩浆喷发改造，太古宙晚期才出现小块的稳定陆地。太古宙是原始生命出现及演化的初级阶段，可能在海底热岩浆喷口附近诞生了地球上最早期的生命。

三、元古宙

图 3-3 “雪球地球”

元古宙距今约25亿～5.42亿年，意为“更早的生命”。元古宙时期，小块陆地开始拼接聚合，形成了罗迪尼亚超大陆。但此时陆地上还是一片荒芜，没有任何生物。在元古宙末期，发生了“雪球地球”事件，地球被皑皑冰川覆盖，从两极扩延到赤道地区，不仅陆地被冰川覆盖，海洋表面也几乎全部冻结，从外太空看，地球就像一个雪球，时间持续近 2 亿年（图 3-3）。

元古宙是由原核生物向真核生物演化、从单细胞生物到多细胞生物演化的重要阶段。随着超大陆的裂解和“雪球地球”的结束，多细胞生命快速演化，藻类和细菌日益繁盛，为即将到来的生命大爆发拉开序章。元古宙也被称为“藻菌时代”。

四、显生宙

显生宙从距今 5.42 亿年延续至今，意为“可见的生命”。显生宙是生物最为活跃的时代，迎来了寒武纪海洋生命大爆发、奥陶纪海洋生物大辐射、志留纪蕨类从海洋登陆陆地、泥盆纪陆地生物大辐射、石炭纪层林繁盛、二叠纪爬行巨兽在陆地横行、三叠纪陆生脊椎动物迅速演化、侏罗纪和白垩纪爬行动物统治地球、古近纪哺乳动物崛起、新近纪人类先祖出现、第四纪人类时代，造就了生机勃勃的蓝色星球（图 3-4）。

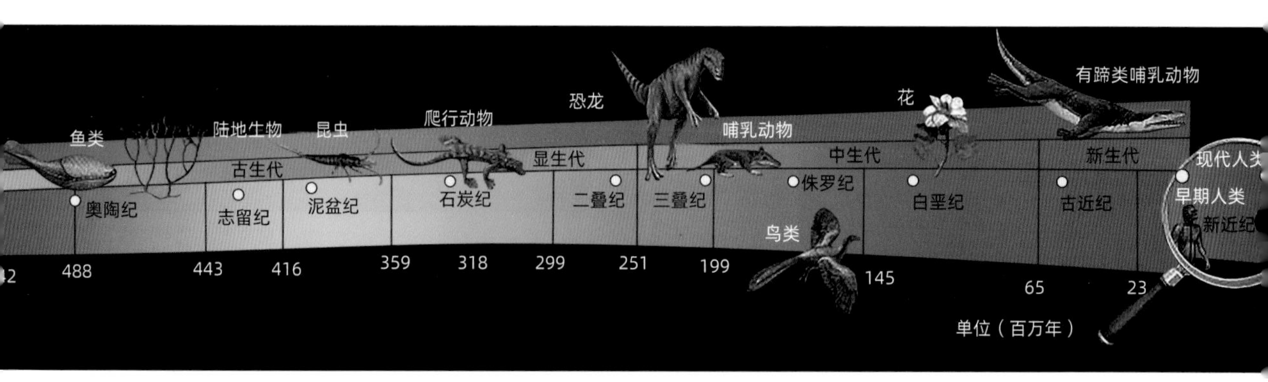

图 3-4 显生宙生物变化

第二节 五次大规模物种灭绝事件

在显生宙 5.42 亿年内，地球的气候环境历经变迁，寒冷的冰期和气候回暖、冰川退缩的间冰期不断交替，小行星和彗星也曾对地球生物圈造成毁灭性打击。地球气候环境经历了沧海桑田的变化，无数物种从兴盛到衰亡，成为时光过客，在地层中留下了五次大规模物种灭绝事件的遗迹：奥陶纪物种大灭绝、泥盆纪晚期物种大灭绝、二叠纪物种大灭绝、三叠纪物种大灭绝、白垩纪物种大灭绝。

人类今天站在过去和未来的时光交汇点，经历了狩猎时代、农耕时代、工业时代和信息时代，发展出高度发达的人类文明，在这个独一无二的星球上留下了深刻的时光印记。任何一个物种都无法被动适应瞬息万变的自然环境，唯有主动作为、构建和谐共生的新环境，才能迎接万象更新的新时代。

“物竞天择，适者生存。”新的物种不断进化，老的物种不断消失。在地球历史舞台上曾经存在过的物种，99% 以上都已经灭绝。

一、奥陶纪物种大灭绝

奥陶纪物种大灭绝事件发生在大约 4.45 亿年前。奥陶纪是地球历史上海洋面积最大的时期之一，那时候还没有陆地生物。在奥陶纪广阔的海洋里，遨游着大量无脊椎动物，如腕足动物、车形动物和三叶虫等。奥陶纪物种大灭绝事件导致了 85% 的物种灭绝。

图 3-5　奥陶纪生物

古生物学家认为地球突然变冷是奥陶纪生物灭绝的原因。一种说法是，板块漂移让如今的撒哈拉沙漠移动到南极，当大片陆地在南极汇集时，容易结成大面积的厚冰层。大片冰川使得全球温度下降，在冰川锁水作用下，海平面下降，生物富集的浅海大陆架暴露在陆地上，由此导致大部分浅海生物灭绝。

另外一种说法是，临近太阳系的一颗恒星走到了生命末期，强烈的超新星爆发产生了超强的伽马射线暴，破坏了地球的臭氧层，导致紫外线长驱直入，浮游生物大量死亡，食物链的基础被摧毁。此外，伽马射线暴破坏了地球大气层的成分，产生大量有毒气体遮蔽了太阳光，使得全球温度骤降。

图 3-6　超新星爆发产生的伽马射线暴袭击地球

二、泥盆纪晚期物种大灭绝

泥盆纪晚期物种大灭绝发生在约 3.72 亿年前。泥盆纪时代陆地面积扩大，海洋中脊椎动物占据主导，鱼类繁盛，也被称为“鱼类时代”。此时陆地上已经开始有生物，两栖动物和爬行动物的先祖已经出现。泥盆纪物种大灭绝导致了 75% 的海洋生物灭绝，但陆地生物似乎没受到影响。

泥盆纪晚期物种大灭绝事件是五次生物大灭绝事件中疑点最多、最复杂的一次。有科学家认为，泥盆纪物种大灭绝事件可能是由持续几百万年的几次小型灭绝事件构成的。

图 3-7 泥盆纪晚期生物

原因至今众说纷纭，包括全球变冷、海底火山喷发导致的海平面变化和海洋缺氧事件。有科学家发现，当时海平面发生了频繁变化，环境变化导致了物种灭绝。科学家至今尚未就泥盆纪物种大灭绝的原因达成共识。

三、二叠纪物种大灭绝

二叠纪物种大灭绝是最严重的一次物种灭绝事件，发生在大约 2.52 亿年前，导致了 96% 的海洋生物和 70% 的陆生脊椎动物的灭绝，几乎所有生物群体都被波及。这次灭绝事件也让海洋生物退

图 3-8 二叠纪生物

出了地球生物圈的主导地位，陆地生物开始成为地球霸主，地球生态系统得到了一次彻底的更新。

二叠纪物种大灭绝事件是由全球性环境突变导致的。可能的原因包括小行星撞击、超级火山爆发等，导致全球性环境变化。目前科学家已经证认了两个超级火山爆发事件：峨眉山火山爆发事件和西伯利亚火山爆发事件，各自持续了 100 多万年。也有科学家认为，地球板块运动及超大陆的形成，改变了海洋和陆地的分布格局，引发了海平面的变化，改变了地球气候环境。

四、三叠纪物种大灭绝

三叠纪物种大灭绝事件发生在约 2 亿年前。这次灭绝事件导致了海洋生物中 76% 的物种灭绝，也严重打击了陆地中的两栖动物和部分爬行动物。

三叠纪物种大灭绝事件的原因，目前认为是火山喷发释放出了大量二氧化碳和二氧化硫等温室气体，造成全球温度上升，海洋酸化。

图 3-9　超级火山喷发

五、白垩纪物种大灭绝

白垩纪物种大灭绝事件发生在大约 6 500 万年前，导致了超过 75% 的物种灭绝。这次事件标志着白垩纪的结束和新生代的开始。这次物种灭绝事件最为著名，因为统治地球长达 1.6 亿年的恐龙在这次事件后退出了地球舞台（图 3-10），同时也为哺乳动物的登场腾出了空间。

白垩纪物种大灭绝事件，一般认为是一颗直径大约 10 千米的小行星撞击地球导致的。科学家在北美墨西哥湾发现了希克苏鲁伯陨石坑，为小行星撞击导致物种灭绝提供了关键证据。小行星撞击导致了森林大火，燃烧灰烬和撞击尘埃进入平流层，遮蔽了阳光，全球温度骤降，导致植物光

图 3-10 白垩纪物种灭绝

合作用受到影响，食物链遭遇基础性打击，最终导致了包括恐龙在内全球75% 的物种灭绝。几乎所有的大型陆生动物都没能幸免于难，但小型哺乳动物依靠残余的食物苟延残喘存活了下来，并在气候环境改善后占据了地球舞台中央。

第三节　小行星——潜在人类杀手

在大约 1.2 万年前，如今的北美大陆上，长毛猛犸象、剑齿虎、骆驼、树懒和美洲狮突然灭绝。与此同时，克洛维斯人（图 3-11）也突然消失。此后，地球经历了一个长达 1 300 年的气候强变冷的时期，气温下降了约 8℃。在欧洲，人们发现了本来生活在高寒的北极地区的草本植物——仙女木，这意味着当时的欧洲已经寒冷到适合仙女木生长。

图 3-11　克洛维斯人

这次事件被称为“新仙女木事件”。究竟是什么导致了新仙女木事件？有科学家认为，肇事者可能是彗星或者小行星。

一、小行星撞击地球会发生什么？

当一颗小天体高速冲进地球的大气层时，浓密的大气层会剧烈冲击和烧蚀小行星表面，小行星周围温度可达上万摄氏度，空气被电离形成等离子体，小行星强大的动能会转化成冲击波、热辐射和光辐射能量（图 3-12），

图 3-12 小行星进入大气层带来强烈冲击波、热辐射和光辐射

知识链接

等离子体

通常条件下，物质存在固态、液态和气态三种状态。在极端高温和极端高压环境下，物质会被电离，以带电粒子（电子、原子核）和中性粒子（分子和原子）的形态存在，由于正负电荷均衡，因此被称为等离子体态。宇宙中 99% 的物体都处于等离子体态，火焰、闪电、极光等都是等离子体态，太阳是一个炽热的等离子体球。飞船返回地球因为高速再入大气层，与空气摩擦形成等离子体覆盖，导致无法通信，这就是所谓的“黑障”。

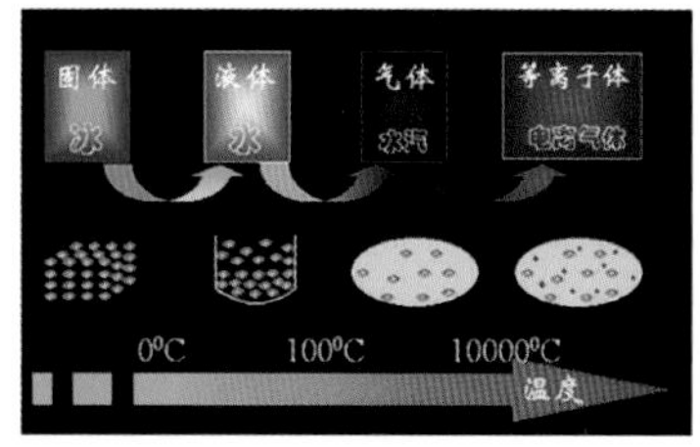

图 3-13 物质状态

并伴随着隆隆的轰鸣声。

1. 几十米级的小行星撞击地球

如果小行星大小为几十米级，可能在大气层解体、爆炸，形成强力冲击波、热辐射和光辐射。冲击波可能会导致地面上玻璃破碎，建筑倒塌，人的躯体也受到损伤。热辐射可能会点燃森林、房屋，引发火灾。而光辐射可能会使人致盲。

2. 百米甚至千米级的小行星撞击地球

如果小行星大小为百米以上、甚至为千米量级，小行星可能穿过地球大气层，抵达地球表面，在地球表面冲击出撞击坑，引发地震和海啸。撞击产生的地表冲击波、地震波会摧毁撞击区域的一切物体。上万摄氏度的

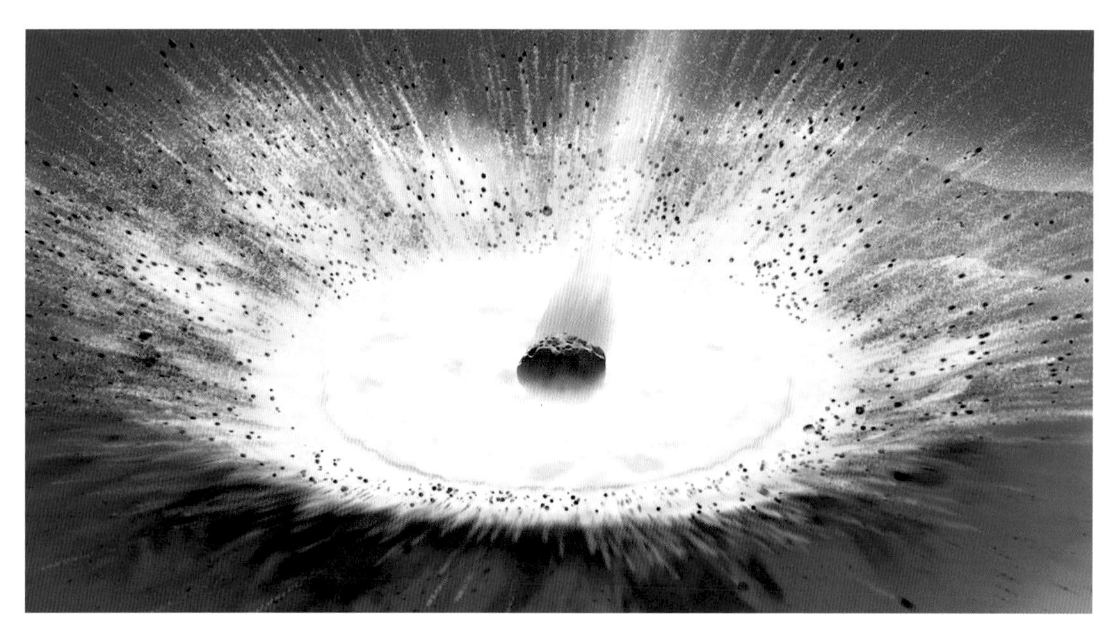

图 3-14　小行星撞击地球形成陨石坑并产生大量溅射物

高温热辐射会点燃撞击区域的一切可燃物。滚滚海啸会淹没岸边的城市和村庄，海水倒灌进入内陆，来回冲刷，摧毁一切物体。撞击会在地表形成巨大的陨石坑，将地表物质高速溅射出去（图 3-14），这些溅射物会摧毁途经的所有物体。这还只是撞击瞬间的灾难，更大的灾难还在后面。

当溅射物在大气层中上升时，会受到空气的冲击和烧蚀，当它们再次落下时，可能会在全球下一场“火雨”。当炽热的溅射物再次落下时，有可能会点燃全球的森林，从而引发森林大火（图 3-15）。大火可能熊熊燃烧长达数月。燃烧的灰烬会进入平流层，遮天蔽日，甚至会阻挡大部分的太阳光，全球温度会骤降几摄氏度甚至十几摄氏度。

地面上的植物生活在干燥、混浊的空气中，厚厚的浓烟阻碍了阳光的照射，也没有雨露的滋润，植物光合作用效率极大降低，大部分植物枯萎、死亡，陆地上到处都是焦土和枯枝败叶。植物的死亡引发食物链的可怕反应，

图 3-15　小行星撞击地球引发森林大火

以植物为生的动物找不到维持生存的食物，被活活饿死。在食草动物的尸体消耗殆尽后，食肉动物也走向生命的终点，死亡的气息充斥着这个星球。

这还没完！撞击可能将地表下储存的硫化物、碳化物等温室气体释放出来，森林燃烧也会释放出许多二氧化碳。当尘埃逐渐散尽，阳光再次普照大地，由于温室气体含量过高，地球就像一个巨大的温室，温度会再次升高，像个炎热的火炉。如此冷热交替，让大多数物种难以忍受。

在这个过程中，地球的气候环境会发生剧烈变化，大部分生物因难以适应气候环境变化而死亡，大规模物种灭绝事件随之而来。只有少量动物能够躲在山洞等可以遮蔽的地方，苟全性命，等待地球气候环境好转，地球舞台上迎来新一轮物种更替。

某种程度上说，我们也是这种物种更替的受益者。6 500 万年前，一颗直径大约 10 千米的小行星撞击了北美墨西哥湾。也正是这次撞击，结束了爬行动物的统治时代，包括恐龙在内 75% 的物种在这次撞击事件中灭绝，让资源消耗更少的哺乳动物登上地球舞台中央，逐渐演化出今天高度发达的人类文明。

3. 不同尺寸小行星撞击地球的概率及危害

小行星撞击地球的危害程度与小行星大小、密度、速度等相关。为了简化描述，一般用小行星的大小表征撞击危害效应。当然，除了小行星大小之外，小行星的材质、孔隙率、撞击速度等因素对撞击地球的危害效应也有很大影响。

尺寸越小的小行星，数量越多，撞击地球的频率越高，但引发的危害效应就越小；尺寸越大的小行星，数量越少，撞击地球的频率越低，但引发的危害效应越大。

直径 1 米级的近地小行星撞击地球事件，几乎每个月都会发生，一般会在大气层中形成火流星现象。米级大小的小行星撞击地球不但不会对人类造成任何威胁，偶尔还会将陨石这种“天外来客”带到地球。

直径 10 米级的近地小行星撞击地球事件，大约 10 年发生 1 次，一般会在大气层中形成爆炸火球，形成一定的冲击波和热辐射效应，但一般不会对地面造成危害。

直径 20 米级的近地小行星撞击地球事件，大约 100 年发生 1 次，一般会在大气层中形成耀眼的爆炸火球，形成明显的冲击波和热辐射效应，可能导致城镇级灾难。比如 2013 年的俄罗斯车里雅宾斯克事件。

直径 50 米级的近地小行星撞击地球事件，大约 1 000 年发生 1 次，一般会在大气层中形成剧烈的爆炸火球，形成剧烈的冲击波和热辐射，可能导致大城市级灾难。比如 1908 年的通古斯大爆炸事件。

直径 140 米级的近地小行星撞击地球事件，大约 2 万年发生 1 次，小行星可能会抵达地球表面，引发地震或海啸，导致中小型国家级灾难。

直径 300 米级的近地小行星撞击地球事件，大约 7 万年发生 1 次，可能导致洲际级灾难。

直径 1 000 米级的近地小行星撞击地球事件，大约 70 万年发生 1 次，可能导致全球性灾难，并改变地球的气候环境，引发部分物种灭绝。

直径 10 千米级的近地小行星撞击地球事件，大约 1 亿年发生 1 次，可能导致全球性规模灾难，并彻底改变地球的气候环境，引发大规模物种灭绝。比如 6 500 万年前的希克苏鲁伯撞击事件。

知识链接

恐龙灭绝之谜

恐龙出现于三叠纪晚期，活跃于侏罗纪，最终消失在白垩纪末期。关于恐龙灭绝的原因，目前存在多种争议，包括小行星撞击、火山爆发、疾病和物种竞争等，其中小行星撞击是最有说服力、也是科学界最认可的原因。近年来的研究表明，非鸟恐龙在白垩纪末期灭绝，而似鸟龙类演化成了今天的鸟类。

二、 小行星撞击与恐龙的悲剧

最知名的小行星撞击事件发生在 6 500 万年前。一颗直径约 10 千米的小行星撞击了北美墨西哥湾尤卡坦半岛的一处浅海，形成了世界第三大撞击坑——希克苏鲁伯撞击坑，并最终导致包括

图 3-16 在白垩纪–第三纪边界层中发现了全球性铱元素异常富集，揭示同时期发生了严重的小行星撞击事件

恐龙在内的超过全球 75% 的物种灭绝。

小行星以 20 千米 / 秒的高速进入大气层，挤压和摩擦大气形成强烈的冲击波和灼热的热辐射，瞬间点燃了周围的森林，并在数小时内传导到全球，引发全球森林大火和海啸。小行星冲入海底，形成了直径约 180 千米的希克苏鲁伯撞击坑。高速撞击使海底物质进射，形成了大量粉尘。烟雾和粉尘进入平流层，遮蔽了太阳光，导致全球温度骤降，地球进入了一个长达几十年的“冬天”。植物光合作用近乎停滞，地球生态链遭到巨大破坏，植物和以植物为生的动物生存受到影响。气候环境的骤变对地球生物造成了毁灭性打击，最终导致了包括恐龙在内的超过全球 75% 的物种灭绝。

希克苏鲁伯撞击事件标志着白垩纪的结束和新生代的开始。统治地球长达 1.6 亿年的恐龙退出了地球舞台，哺乳动物从爬行动物巨大的威慑下走出来，站上了地球舞台，并成为地球的主人，演化成今天高度发达的人类文明。

三、人类最早的定居点或毁于小天体撞击

叙利亚境内的 Abu Hureyra 遗址位于阿萨德湖底，20 世纪 70 年代，当局兴建水坝，堵截幼发拉底河的河水，湖水干涸后遗址才被发现。考古学家曾在遗址发现

图 3-17 人类最早定居点或毁于小行星撞击

古代游牧民族居住的痕迹，认为该处是 1.28 万年前人类最早定居下来、从游牧转为农业社会的地方之一（图 3-17）。

美国加州大学圣芭芭拉分校科学家肯尼特带领的团队发现，遗址样品中含有高温熔融的玻璃物质，含有铬、铁、镍、钛等元素，部分物质甚至富含铂和铱。要形成这些物质，燃烧的温度至少高达 2 200℃，这么高的温度并非当时的人类活动、闪电或火山爆发可产生的。肯尼特指出，要产生如此高温，只能由极其剧烈、高能量、高速度的现象造成，而这现象极可能是小行星或者彗星撞击事件。

这一事件发生的时间与“新仙女木事件”在同一时期。科学家在欧洲、中东和美洲的撞击地点也发现了类似的玻璃，他们认为很可能是小行星或者彗星碎片群进入大气层，撞击地球导致大量尘埃进入平流层，使得地球迅速变冷并最终致使许多物种灭绝，形成了“新仙女木事件”。如果这颗小天体尺寸足够大，或许今天生活在地球上的就不一定是人类了。从这个角度看，人类无疑是非常幸运的。

四、古籍中的小行星撞击事件

在人类历史上，有一些疑似小行星撞击事件的记录，比如明朝的甘肃陨石事件、《圣经》中的罪恶之城事件等，但由于缺乏正史佐证，还不能完全证实为小行星撞击导致。

陨石在地球上第一次上“热搜”，可以追溯到大禹时代。那年夏天落于夏邑的陨石雨，让华夏先祖初识星空的神秘。《竹书纪年》记载：“帝禹夏后氏八年六月，雨金于夏邑。”由于《竹书纪年》成文过早，因此其可信度一直有人质疑。

《春秋》记载：“（鲁僖公）十有六年春，王正月戊申朔，陨石于宋五。”（图 3-18）这则陨石目击报告是世界上最早的明确记录陨石的记载。这件事惊动了宋国当时的国君宋襄公，宋襄公问此事吉凶，大臣回答“非吉凶所生也”，那时人们就认识到陨石降落是一种自然现象，与吉凶无关。

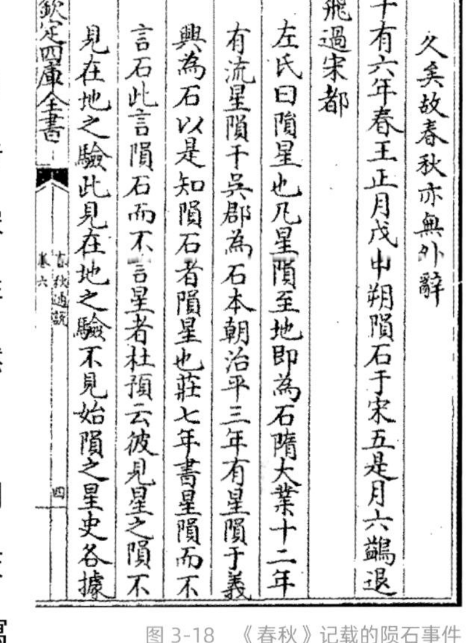
久矣故春秋亦無外辭
十有六年春王正月戊申朔隕石于宋五是月六鷁退
飛過宋都
左氏曰隕星也凡星隕至地即為石隋大業十二年
有流星隕于吳郡為石本朝治平三年有星隕于義
興為石以是知隕石者隕星也莊七年書星隕而不
言石此言隕石而不言星者杜預云彼見星之隕不
見在地之驗此見在地之驗不見始隕之星史各據
欽定四庫全書 春秋通說 卷六 四

图 3-18 《春秋》记载的陨石事件

关于陨石导致大规模人员伤亡的记录发生在我国明朝。1490 年春，当时隶属陕西的庆阳县（现甘肃省庆阳市）下起陨石雨，致上万人遇难，一城人流亡。《寓园杂记》记载：“三年二月，陕西庆阳县陨石如雨，大者四五斤，小者二三斤，击死人以万数，一城之人皆窜他所。”《明史》也对庆阳陨石事件进行了记载，但没有记录人员伤亡情况。

在西方，也有与小行星撞击相似的记录。《圣经》记录了罪恶之城索多玛被上帝用硫黄和天火摧毁。2021 年 9 月，美国、加拿大和捷克的学者在《科学报道》期刊上发表了一项考古成果，约旦境内的 Tall el-Hammam 古城，曾经是两河流域最为富饶的城邦，在公元前 1650 年左右很可能因为一场由陨石造成的空爆，顷刻之间被夷为平地，城中居民全部被杀死，屋顶和墙砖被熔毁，古城和周边上百个小村庄从此被遗弃数百年。研究者认为，这座古城很可能就是索多玛的原型（图 3-19）。

研究人员认为，导致索多玛摧毁的小行星撞击事件比通古斯大爆炸事

图 3-19　《圣经》中被天火毁灭的罪恶之城——索多玛

件还严重。考古人员找到了冲击石英、熔化的陶器和砖瓦、类金刚石碳、熔化的金属等经历高温高压的证据。考古小组认为："大爆炸发生于古城西南几千米处，爆炸火球产生了高温热辐射，熔化了裸露在地表的材料，包括屋顶黏土、泥砖和陶器。接着是高温、超高温冲击波，摧毁及粉碎整座城市的泥砖墙，将城市夷为平地，还造成大量人员死亡。"

人类历史上之所以很少有关于小行星撞击的记载，主要是因为人类可记录的历史过于短暂，而大尺寸小行星撞击地球是小概率事件。中华文明，上下五千年，在五千年的历史过程中，地球可能也就经历过大约 5 次与通古斯大爆炸同级别的事件。地球上 70% 是海洋，历史上人类居住的区域极其有限。因此，历史上有关小行星撞击的记载很少，是可以理解的。

根据科学家考察，在地球的地质历史上，发生了 22 次不同规模的物种灭绝，至少 10 次与小天体撞击相关。公认最大规模的物种灭绝时间——2.5 亿年前和 6 500 万年前的物种大灭绝时间，同期都发生了剧烈的小行星撞击事件。地球上新生代以来，有 6 次（6 500 万年、3 400 万年、1 500 万年、240 万年、110 万年和 70 万年前）小天体撞击地球，诱发环境灾难性变化与物种灭绝。杀手小行星下一次什么时候到达地球？我们还不知道。

恐龙灭绝之后，人类成为地球新一代霸主。大约 10 万年前，人类走出非洲，发展成今天高度发达的人类文明。今天，人类生活在地球上，面临着战争、疾病、饥荒、洪灾、地震等危机，这些问题几乎不会让人类作为一个物种从地球上消失。但小行星撞击可能会将人类整体作为一个物种从地球上消失。从长时间尺度上，小行星一定会撞击地球。人类如果想继续生存 10 万年，必须考虑小行星的撞击风险。

五、近现代发生的小行星撞击事件

1. 车里雅宾斯克撞击事件

2013 年 2 月 15 日，当地时间 9 时 20 分，一颗直径约 18 米的小行星，以约 19 千米 / 秒的速度飞向了俄罗斯车里雅宾斯克地区，是近年来规模最大的一次陨石事件（图 3-20）。

这也是一起白天发生的小行星撞击事件，小行星从太阳方向高速飞过

图 3-20　车里雅宾斯克陨石事件

来，因此在小行星爆炸之前没有任何一个航天和天文机构能够提前发现它。直到小行星在大气层中爆炸，才被气象卫星拍到。

该小行星在车里雅宾斯克地区上空约 30 千米高空爆炸，等效约 30 颗广岛原子弹当量。爆炸瞬间的光芒超过了太阳，约 2 分钟后，产生的冲击波到达地面，击碎了约 3 000 栋房屋的玻璃，导致约 1 500 人受伤。车里雅宾斯克地区整体损失超过 10 亿卢布（约 2 亿人民币）。

车里雅宾斯克事件是人类第一个有丰富影像资料的小行星撞击事件。许多人用行车记录仪等设备记录了爆炸的过程及事后的爆炸余迹。人们在这个地区发现了陨石，其中一块较大的陨石坠落在一个湖泊里，留下一个直径约 8 米的冰窟窿（图 3-21）。

巧合的是，在车里雅宾斯克事件发生当天，也是另一个直径约 30 ～ 40 米的小行星 2012 DA14 飞掠地球的时刻，距离地球表面的最近距离约为

图 3-21　车里雅宾斯克事件陨石冰窟窿（左图）和发现的最大陨石（右图）

18 000 千米。许多人误以为车里雅宾斯克陨石的母体就是 2012 DA14。根据研究，这两颗小行星的轨道截然不同，2012 DA14 小行星的轨道较为靠近地球，而撞击车里雅宾斯克的小行星的母体源自小行星带内侧。

2. 通古斯大爆炸事件

通古斯大爆炸是 1908 年 6 月 30 日发生在俄罗斯西伯利亚通古斯河

图 3-22 通古斯大爆炸事件

上空的爆炸事件（图 3-22），也是近 200 年来地球遭遇的最大规模的撞击事件。

图 3-23 通古斯大爆炸后的森林

估计爆炸威力相当于 2 000 万吨 TNT 炸药，约等效 1 000 颗广岛原子弹。爆炸产生的冲击波造成超过 2 150 平方千米内的 8 000 万棵树焚毁倒下（图 3-23）。

据报道，当天早上，当地人观察到一个巨大的火球划过天空，随后，一道强光照亮了整个天空，稍后爆炸产生的冲击波将附近 650 千米内的窗户震碎，并且观察到了蘑菇云的现象。这个爆炸被横跨欧亚大陆的地震监测点所记录，其造成的气压不稳定甚至被英国的气压自动记录仪侦测到。事发后数天内，亚洲与欧洲的夜空呈现暗红色。

现场没有发现任何陨石，人们至今无法判断该撞击体是小行星还是彗星。主流的科学观点认为通古斯大爆炸事件是由一颗直径 30 ～ 50 米的小天体撞击导致的。也有研究认为通古斯大爆炸事件是由一颗金属小行星掠过大气层形成的冲击波造成的。

值得注意的是，通古斯大爆炸发生在当地时间上午 7 时 17 分，说明这个小行星是从太阳一侧飞过来的。这类小行星在阳光的掩护下接近地球，即使地面上有光学望远镜，也无法看到这类小行星。

六、那些发生在我们身边的“信号”

2017 年后，几乎每年在国内都有一次知名火流星事件（表 3-1）引发社会热议，警醒世人，小行星撞击可能就发生在我们身边。

表 3-1　近几年我国发生的火流星事件

日期	地点	是否捡到陨石	备注
2017-10-04	云南省香格里拉	否	山区
2018-06-01	云南省西双版纳	是	搜寻到大量陨石
2019-10-11	吉林省松原	否	搜寻未果
2020-12-23	青海省玉树	是	大量网友拍到火流星的视频
2021-11-29	河南省驻马店	否	搜寻未果
2022-07-10	甘肃省华亭	是	陨石降落在宁夏回族自治区德隆县
2022-12-15	浙江省杭州	是	发现多块陨石
2023-03-27	北京市	否	可能为山区

2018 年儿童节当晚，一颗火流星在西双版纳上空解体爆炸，吸引了

大量网友关注，来自全国的陨石猎人蜂拥而至，开展了“猎陨”行动，搜寻到大量陨石。其中1号陨石重约1.2千克，2号陨石重约0.7千克，传闻被陨石猎人以30万元和16万元高价收购。这次事件后，陨石猎人成为网络热词，陨石的收藏价值也广为人知。

图3-24　青海玉树火流星事件

2019年吉林省松原事件发生后，也有大量陨石猎人奔赴吉林省，但搜寻未果。2020年，青海玉树火流星事件被大量行车记录仪、监控摄像头甚至民航航班摄像头拍摄到（图3-24），影响非常大。由于事发地点为山区，仅在当地牧民房顶上找到一小块陨石。2021年，河南省驻马店火流星事件发生时，也有大量陨石猎人奔赴现场搜寻陨石，甚至有网络媒体对搜寻过程进行直播，但未能找到陨石。

2022年，甘肃省华亭火流星事件发生后（网上目击视频显示在甘肃省平凉市），同样有大量陨石猎人开展“猎陨”行动，最终在宁夏回族自治区德隆县找到了一块48千克的陨石，也是近年来搜寻到的最大的目击陨石。

2022年底，浙江省杭州火流星事件中，陨石划过西湖的美景，让很

图 3-25　“苏梅克–列维 9 号”彗号撞击木星

多人惊叹不已，在当地群众家中发现了降落的陨石。

2023 年，北京市火流星事件，由于降落区域可能在山区，未能搜寻到陨石。

揭秘：“苏梅克–列维 9 号”彗星撞击木星

1994 年，千千万万的人目睹了人类历史上从未有过的一次宇宙事件，那就是“苏梅克–列维 9 号”彗星（简称 SL9）与太阳系中的最大行星——木星相撞（图 3-25）。

1994 年 7 月 17 日 4 时 15 分到 22 日 8 时 12 分的 5 天多时间内，SL9 的 20 多块碎片接二连三地撞向木星，撞击速度高达 60 千米 / 秒。这相当于在 120 多个小时中，在木星上空不间断地爆炸了 20 亿颗原子弹，释放出了约 40 万亿吨 TNT 烈性炸药爆炸时的能量。

这是人类首次观测到太阳系内与行星相关的天体撞击事件，对人类社会造成了极大的震撼。人类通过飞往木星途中的“伽利略号”探测器目睹了彗木相撞的场景，亲身感受到天地大冲撞（图 3-26）在太阳系中是可能发生的。由此联想到，彗星也可能会撞击我们的地球，从而产生关于地球和人类未来的忧思。如果 SL9 这样的彗星撞击地球，地球生物圈将荡然无存！

图 3-26 天地大冲撞

为什么电影中总是上演彗星撞击地球?

彗星从被发现到撞击地球的时间更短。彗星的老家在遥远的奥尔特云附近，长周期彗星的远日点在太阳系边缘，从奥尔特云一路长途奔袭，飞向内太阳系。彗星轨道周期一般较长，从几十年、几百年到几万年甚至几十万年不等，与地球交会机会少。其绝大部分时间运行在遥远的外太阳系，距离地球遥远，虽然彗星个头很大，但彗星表面黑漆漆的，反照率很低，在地球上很难将其发现。直至彗星逐渐靠近内太阳系，在阳光作用下，其表面水冰等挥发性物质会升华，彗星的亮度增加，才可能被地面上的望远镜发现，而这时候彗星距离地球已经很近了，留给人类的反应时间已经不多了。

近地小行星的轨道一般与地球较为接近，远日点一般在木星轨道之内，轨道运行周期较短，一般为数年或者十几年，与地球交会机会多。如果撞击地球的小行星大小为 10 千米量级，利用地球上的光学望远镜，一般可以提前数年发现。

七、人类能躲过地球物种第六次大灭绝吗?

地球物种第六次大灭绝事件什么时候到来？什么会导致第六次物种大灭绝？人类能否在第六次物种大灭绝事件中存活？这些一直是科学家感兴趣的问题。

科学家通过软体动物分析数据发现，自公元 1500 年以来，已经有 7.5% ～ 13% 的物种灭绝（15 万～ 26 万种），并判断地球已经处于第六次物种大灭绝的开始。研究人员分析了灭绝率的差异发现，海洋物种面临着重大的威胁，岛屿物种遭受的损失远远比大陆物种严重。这可能与全球变暖、冰川融化导致的海平面上升有关。但也有科学家持不同意见，认为目前的物种灭绝速度并没有明显异常，我们还处于稳态的演化之中。

第六次物种灭绝有哪些死法呢？一类是人类自身的错误行为，比如温室气体的持续排放引发全球温度上升并导致海平面变化引发环境持续恶化；比如人类爆发核战争，全世界玉石俱焚；比如人工智能失控。另一类是来自地球环境的威胁，比如超级病毒和超级火山爆发。还有一类是来自太空中的威胁，比如邻近星系发生超强伽马射线暴，小行星撞击也是其中一种重要的可能。

人类是唯一能够主动干预地球环境的物种。通过减少碳排放，构建更为和谐、理性的新秩序，可以降低人类自取灭亡的概率。探索空间科学，发展空间技术，主动应对来自太空中的威胁，拓展地外生存空间，可以提高人类在面对超大规模自然灾难时的生存概率。

“观乎天文，以察时变；观乎人文，以化成天下”。公元前 400 多年前，先哲们就提出既要仰望星空，洞察天时变化，又要注重伦理道德，教化天下，为人类社会应对生存危机提供了启示。

揭秘：地球的未来会毁于氦闪吗？

在电影《流浪地球》中，2078 年，太阳将发生氦闪，爆发出毁天灭地的能量。

知识链接

电子简并态

电子简并态是一种超致密物质状态。在电子简并态下，原子被引力压塌，电子致密地排列在原子核周围，由于同一能级只能容纳一个电子，相互靠近的电子之间会产生强大的斥力，被称为电子简并压。白矮星就是电子简并态天体，太阳的归宿就是变成一颗白矮星（图 3-27）。指头大小（1 立方厘米）的电子简并态物质可重达 1 ～ 10 吨。

当引力进一步增大，超过钱德拉塞卡极限（即恒星质量超过 1.44

为了躲避氦闪带来的灾难，人类被迫带着地球去流浪。

什么是氦闪？地球的未来真的会毁于氦闪吗？

太阳质量约为 22×10^{27} 吨，其中 75% 的成分为氢，24% 的成分为氦。太阳核心是一个巨大的“核聚变工厂”，在一刻不停地发生核聚变，将氢变为氦。核聚变产生的膨胀压力与太阳内部物质产生的万有引力平衡，保证了太阳内部核聚变的稳定性，为人类在地球上生存提供了稳定的光热环境。

当太阳核心的氢消耗殆尽时，太阳核心就成了一个氦核，但核心之外还存在大量氢。氦原子聚变需要的温度远比氢原子聚变要高得多。没有核

图 3-27　太阳、地球、白矮星、中子星大致比例

聚变产生的膨胀压力，在万有引力作用下，太阳内部的氦核被急剧压缩，温度越来越高，直到点燃了氦核外围的氢原子发生核聚变。没有万有引力束缚，在外围氢原子核聚变膨胀压力作用下，太阳半径迅速扩张，甚至越过水星和金星，成为一颗红巨星（图 3-28）。太阳的亮度增加为原来的几十倍甚至上百倍，会对地球环境造成毁灭性打击。

当氦核压力越来越大、物质越来越致密，太阳核心就变成了简并态。抵抗引力的主要压力是原子核周围电子之间的斥力，称为简并压。简并压与温度无关，只与物质密度有关。当温度和压力高到处于简并态的氦核点燃核聚变时（大约1亿℃），氦闪就发生了。

个太阳质量），原子核被压塌，电子进入原子核内，与质子发生电荷中和，电子和质子都变成中子，就进入了中子简并态，相互靠近的中子之间产生的强大斥力被称为中子简并态。中子星就是中子简并态天体。指头大小（1 立方厘米）的中子简并态物质可重达 1 亿～20 亿吨。

如果引力进一步增加，超过奥本海默极限（即恒星质量超过 3 个太阳质量），中子也被压碎，就形成了一个无限小的奇点，就是黑洞的核心。任何物质进入施瓦西半径都有去无回，连光也无法逃逸。

图 3-28 约 50 亿年后太阳将变成一颗红巨星

大量的氦在瞬间点燃，释放出巨大的能量，温度急剧升高，引发更加剧烈的核聚变，在退出简并态之前，氦核并不会通过“膨胀”来降温，由此形成一场失控的核爆炸。在以秒计的时间里，太阳核心的氦剧烈地燃烧，产生的能量比平时高千亿倍。

不过氦闪不会持续很久，在巨大的能量作用下，氦核中的物质会很快退出简并态，如此一来，就可以通过“膨胀”来降温，失控的核聚变就结束了。地球不会因为氦闪而毁灭,因为早在氦闪之前的红巨星阶段,地球的生命环境就被破坏了。

目前的太阳还处于青壮年阶段，氢燃料还很充足，它变成红巨星应该是在50亿年之后，而不是电影里面说的几十年甚至几百年。而50亿年后，如果人类还存在，想必恒星际旅行早已实现，在另外一颗星球安居乐业也许不是梦。

第四章

追踪危险小行星

第一节 如何找到小行星?

或许有人认为，担心小行星撞地球是杞人忧天，但只要看一眼月球上大大小小的陨石坑（图 4-1），就知道此类事故在太空中并不是新鲜事。之所以察觉不到，是因为人类可记录的历史过于短暂。

我们的地球，如同一叶扁舟，漂浮在茫茫宇宙的汪洋大海之中。地球周围危机四伏（图 4-2），稍有不慎可能导致小舟倾覆，地球上生灵涂炭，生物圈被重新格式化。

图 4-1 月球上千疮百孔的陨石坑

无数小天体伺机张望，试图在我们稍不留意的间隙，与地球来次“亲密接触”。数量庞大的近地小行星群体，就像无数暗礁，它们中的大多数，我们人类还没有掌握其行踪。

要在茫茫宇宙中安全航行，我们需要及时发现这些暗礁。当危机来临时，主动出击，清除航路上的障碍。

图 4-2 宇宙中危机四伏

近 30 年来，人类在近地小行星发现领域取得了巨大的进步，已经发现了超过 95% 的直径千米级的近地小行星，使得我们有充足的时间处置天地大冲撞级别的撞击事件，让我们可以不必过于担忧。

但我们也不能掉以轻心，仍然有大量可能危及一个城镇、中等城市、大城市甚至中小国家的近地小行星还隐匿在茫茫太空之中。它们犹如一个个隐匿在黑暗角落里的“刺客”，如果我们稍有分神，它们就可能乘虚而入，给地球生物圈造成难以愈合的创伤。

找到危险小行星是应对小行星撞击威胁的前提条件。越早发现小行星，处置的可选项越多，成功的概率就越大。动能撞击被认为是目前最成熟可行的小行星防御手段，但动能撞击技术防御等效直径 140 米级的小行星，通常需要 10 年甚至 15 年以上的预警时间。而使用引力牵引、离子束偏移等微弱力持续作用技术手段，防御等效直径 140 米级的近地小行星，往往需要 20 年甚至更长的预警时间。即使采用简单粗暴的核武器去处置小行星，也需要考虑地面发射和轨道转移的时间窗口。如果在小行星撞击地球前，预警时间很短，人类就很难采取有效的处置方式，大概率只能眼睁睁地看着小行星撞击地球。

如何在小行星撞击地球之前找到它们，对它们查户口、建档案，锁定这些太空中的危险分子，是行星防御领域的当务之急。

一、近地小行星的理论数量

近地小行星确切的数量谁也不知道，只能根据已有的观测数据去推理，其核心概念是重复发现率。

小行星数量庞大，并且可能来自任何方向，而地球上的望远镜系统并不能有效覆盖所有天区，因此我们仅能发现小行星中的一部分。对于特定大小区间（比如 20 ～ 30 米）的小行星，根据特定时间段内（比如过去 2 年内）人类已经编目的已知小行星的重复发现率，大致推测出该大小区间小行星的可探测概率，进一步结合小行星编目数据库中已有小行星的数量，推断出特定尺寸小行星的理论群体数量。

假设当前时刻小行星编目数据库中直径 20 ～ 30 米的近地小行星有 8 000 颗，对这些已知的目标，过去 2 年内重复观测到了 80 颗，则重复发

图 4-3 小尺寸小行星的数量不计其数

现率为 1%。也就是说我们对这类小行星的可探测概率为 1%，进而可以估计地球附近直径 20 ～ 30 米小行星的理论数量为 8000÷1%=80 万颗（仅仅是举例说明算法，并非实际数量）。当然这是一种粗略的估计方法，实际上还要对各种偏差因素进行修正，才能得到近地小行星的群体分布模型。

二、已发现的近地小行星

近地小行星搜索始于 20 世纪 90 年代中期。1994 年的彗木相撞事件是促进监测近地小行星的重要因素之一。在接近 30 年的历程中，美国先后建立了包括 LINEAR、NEAT、Spacewatch、LONEOS、Catalina 等巡天设备，发现了全球超过 98% 的近地小行星。

截至 2023 年 6 月 30 日，人类已经发现了 32 274 颗近地小行星，并且以每年超过 3 000 颗近地小行星的发现速度在提升（图 4-4）。

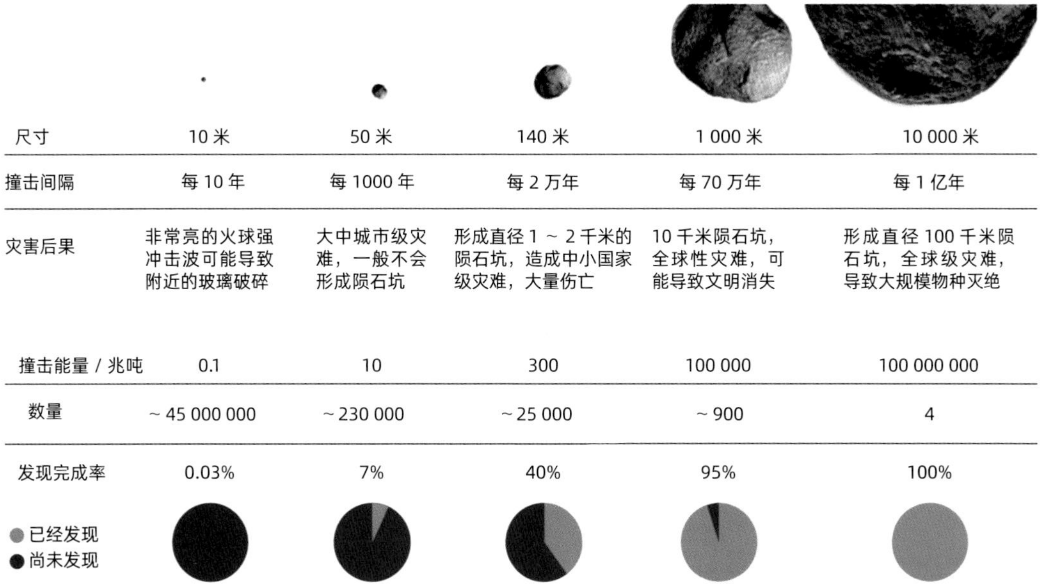

尺寸	10 米	50 米	140 米	1 000 米	10 000 米
撞击间隔	每 10 年	每 1000 年	每 2 万年	每 70 万年	每 1 亿年
灾害后果	非常亮的火球强冲击波可能导致附近的玻璃破碎	大中城市级灾难，一般不会形成陨石坑	形成直径 1 ～ 2 千米的陨石坑，造成中小国家级灾难，大量伤亡	10 千米陨石坑，全球性灾难，可能导致文明消失	形成直径 100 千米陨石坑，全球级灾难，导致大规模物种灭绝
撞击能量 / 兆吨	0.1	10	300	100 000	100 000 000
数量	~ 45 000 000	~ 230 000	~ 25 000	~ 900	4
发现完成率	0.03%	7%	40%	95%	100%

● 已经发现
● 尚未发现

图 4-4　小行星数量及危害

直径 20 米级的近地小行星可导致城镇级灾难，理论数量可达数百万颗，目前发现完成率约 0.3%，还有 99.7% 的还没有被发现；直径 50 米级的近地小行星可导致大中城市级灾难，理论数量可达大约 23 万颗，目前发现完成率约 7%，还有 93% 的尚未被发现；直径 140 米级的近地小行星可导致中小国家级灾难，理论数量约 2.5 万颗，目前发现完成率约 40%，还有 60% 的尚未被发现。

为应对近地小行星撞击威胁，2006 年美国出台了乔治·布朗近地天体巡天法案，要求美国国家航空航天局规划、制订和实施近地天体巡天计划，以探测、跟踪、编目和表征所有直径大于 140 米的近地小行星和彗星。

2023 年，美国白宫科技政策办公室发布了《国家近地天体应对战略

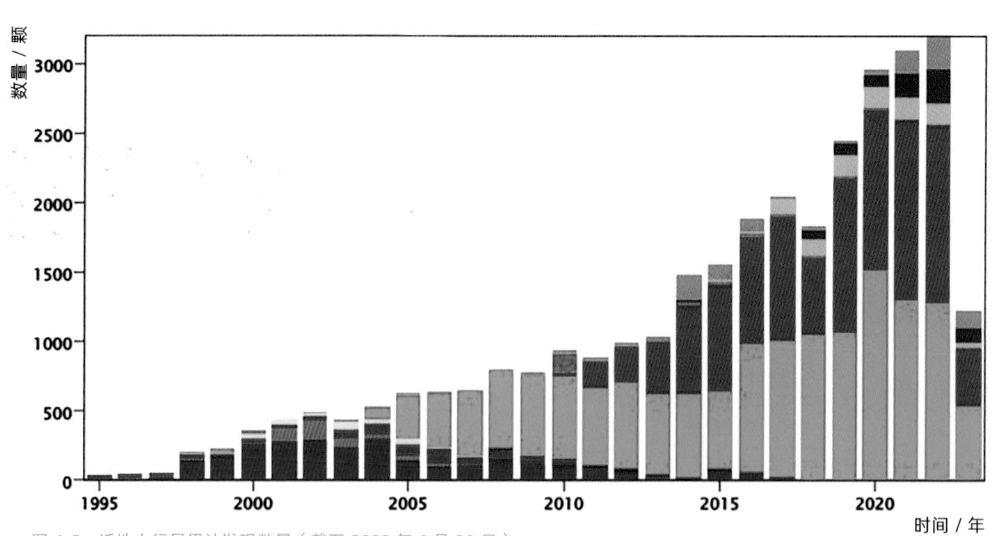

图 4-5 近地小行星累计发现数量（截至 2023 年 6 月 30 日）

与行动规划》，明确提出要对 10 米以上的近地小行星进行监测，并预警撞击威胁。

美国行星防御战略规划讲了什么?

揭秘：美国小行星监测望远镜系统

1. 卡特琳娜巡天系统（CSS）望远镜

卡特琳娜巡天系统望远镜位于美国亚利桑那州图森市莱蒙山顶，在近地小行星巡天发现领域排名第一。卡特琳娜巡天系统也是效率最高的近地小行星短临预警装备，自 2008 年以来，成功预警了 5 颗撞击地球的小行星（全世界共预警 7 颗），包括人类预警的第一颗撞击地球的近地小行星 2008 TC3 和最新预警的撞击地球的近地小行星 2023 CX1。

卡特琳娜巡天系统包含 3 台不同功能、性能组合的可见光望远镜（图 4-6），通过协同配合，实现了对近地小行星的巡天发现、临近预警和精测跟踪。

编号为 G96 的巡天望远镜口径 1.5 米，视场为 5 平方度，极限观测能力为 21.5 等星，主要用于在远

知识链接

视场

望远镜所能够看到的天空范围，可用平方度衡量。视场越大，观测范围就越大。比如哈勃望远镜视场为 0.006 13 平方度，而中国空间站巡天望远镜的视场则为 1.32 平方度，相当于哈勃视场的 215 倍。

平方度

由于恒星等自然天体距离地球非常遥远，望远镜中往往只能观察到天体相对地球的方位信息。为了便于描述天体的位置，天文学上引入了天球的概念。天球是一个想象出来的、与地球同球心且共自转轴、半径无限大的球面。天体在天球上的位置可以用经度和纬度来描述。平方度是度量天体在天球上视面积大小的基本单位。天球上一个

边长为 1 度的正方形的球面积就是 1 平方度。全天球大约 41 252.96 平方度。站在地球上，月球的视直径大约 0.5 度，而月球的视面积大约为 0.2 平方度（图 4-7）。

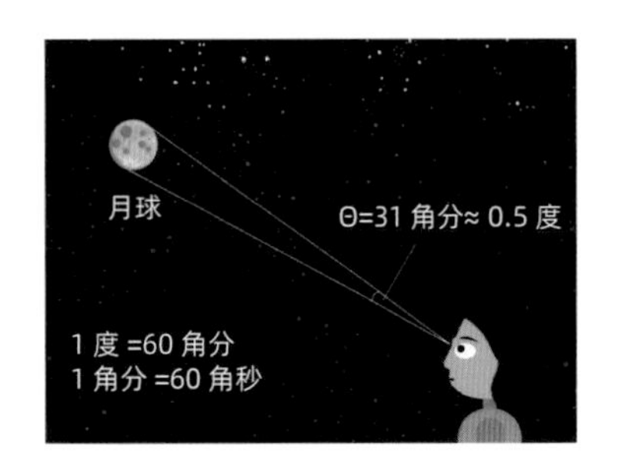

图 4-7 月球的视直径和视面积

视星等

衡量观测者感受到天体亮度的基本单位。视星等可以取负值，视星等越小，天体就越亮。太阳的视星等为−26.71 等，满月时视星等为−13 等，金星的视星等为−4.6 等。

相邻视星等之间的亮度相差 2.512 倍。视星等与天体的尺寸、距离太阳的角度、光照角度等密切相关。

图 4-6 卡特琳娜巡天系统

距离对中大尺寸近地小行星进行监测预警，具备在 1.5亿千米处发现等效直径340米近地小行星的能力。中大尺寸小行星撞击地球危害大，人类要想规避撞击风险，要求有一定的提前预警时间，并能够在尽可能远的距离提前发现小行星。在保证一定探测视场的前提条件下，望远镜的极限观测能力越高越好。

编号为 703 的巡天望远镜口径 0.7 米，视场 19.4 平方度，极限观测能力为 19.5 等星，主要用于对临近地球的小尺寸小行星进行监测预警，具备在

1.5 亿千米处发现直径 880 米近地小行星的能力。小尺寸小行星在距离地球较远时信号微弱，难以被提前发现。只有当其临近地球时才足够亮，才能被望远镜发现，因此对望远镜要求是：在保证一定极限视星等的前提条件下，视场越大越好，以减少漏警。

编号为 I52 的精测跟踪望远镜，视场为 0.3 平方度，极限观测能力为 22 等星，具备在 1.5 亿千米处跟踪直径 280 米近地小行星能力。当 G96 和 703 巡天望远镜发现目标后，I52 精测跟踪望远镜马上启动精密跟踪测量，及时确定小行星的精密轨道，为小行星编目提供观测信息。

卡特琳娜巡天系统是全球发现近地小行星效率最高的望远镜系统，自 1998 年以来，卡特琳娜巡天系统累计发现近地小行星 14 706 颗，发现占比 45.6%（截至 2023 年 6 月 30 日）。

2. 泛星计划全景巡天望远镜系统（Pan-STARRS）

泛星计划全景巡天望远镜系统（以下简称泛星

极限视星等

光学系统能够探测到的最暗弱天体的视星等，用来描述探测系统对暗弱天体的探测能力。比如，人眼的极限视星等约为 6 等，视星等超过 6 等的天体，一般来说人眼是看不见的。再比如，泛星计划望远镜的极限视星等是 22 等，视星等超过 22 等的天体，一般来说泛星计划望远镜是无法探测到的。

图 4-8　泛星计划全景巡天望远镜

计划）位于夏威夷毛伊岛哈雷阿卡拉山顶，在近地小行星巡天发现领域排名第二，由美国空军投资建设。

泛星计划包括两台1.8米口径的全景巡天望远镜，国际编号分别为F51和F52，全景巡天望远镜视场为7平方度，极限观测能力为22等星，具备在1.5亿千米处发现直径280米级近地小行星的能力。

自2010年以来，泛星计划发现近地小行星9 607颗，发现占比29.8%（截至2023年6月30日）。

3. 小行星撞击末端告警系统（ATLAS）

小行星撞击末端告警系统是美国夏威夷大学运营的近地小行星巡天系统，由美国国家航空航天局资助。系统包括4台0.5米口径的超大视场望远镜，分布在夏威夷（2台，相距158千米）、南非和南美。望远镜视场为28.9平方度，极限观测能力为19等星，具备在1.5亿千米距离处发现直径1 100米的近地小行星。

与卡特琳娜巡天系统和泛星计划主要用于在远距离发现中、大尺寸小行星的定位不同，小行星撞击末端告警系统另辟蹊径。主要目标是通过对覆盖天区的快速扫描，实现对飞临地球的小尺寸小行星的临近发现预警。小行星撞击末端告警系统超大的视场保证了可以每夜对全天区完成一次扫描，以尽可能减少遗漏目标。而卡特琳娜巡天系统和泛星计划一般需要20天才能对全天区完成一次扫描，必然会遗漏很多目标，这对中、大尺寸以上的小行星不要紧，因为从初次探测到飞临地球有几个月时间；但对小尺寸小行星，从初次发现到飞临地球可能只有几天，必然会遗漏大量目标。

可以说，小行星撞击末端告警系统是个“捡漏王”，利用小口径超大视场望远镜组网，灵活机动地实现全天区高频度扫描，克服了大型望远镜巡天周期长、对小尺寸目标遗漏多的弊端，与卡特琳娜巡天系统、泛星计划等构成了中、大尺寸小行星远距离发现和小尺寸小行星临近预警的综合观测体系。

最初2台小行星撞击末端告警系统的投资仅约为500万美元。自运营以来，发现了905颗近地小行星，排名第三，表现出了卓越的性价比。

4. NEOWISE 太空红外望远镜

WISE是美国国家航空航天局的红外天文望远镜，于2009年12月被发射到距离地表 526 千米高度的太阳同步轨道。由于制冷剂耗尽，2011 年 2 月进入休眠状态。研究小行星的科学家发现，WISE 望远镜可以用于近地小行星监测，2013 年被重新启动并改名为 NEOWISE（图 4-9）。

NEOWISE 验证了对近地小行星开展红外观测的可行性。截至 2023 年 6 月，NEOWISE 共发现了 34 颗彗星和 362 颗近地小行星，其中 67 颗为潜在威胁小行星。除此之外，NEOWISE 还对大量小行星的热物理特性进行了测量，为测量小行星的直径和评估小行星的威胁提供了基础数据。

图 4-9　NEOWISE 太空红外望远镜

二、近地小行星的轨道分布

1. 阿莫尔型（Amors）近地小行星

近日点距离大于 1.017 个天文单位的近地小行星，也被称为地外型近地小行星。它们的轨道与地球轨道不相交，不存在撞击地球机会。截至 2023 年 6 月 30 日，发现了 11 290 颗，发现占比大约 35.7%。

2. 阿波罗型（Apollos ）近地小行星

轨道半长轴大于 1 个天文单位，并且近日点距离小于 1.017 个天文单位的近地小行星，也被称为外叉型近地小行星。它们绝大部分时间运行于地球轨道外侧，但在近日点附近会穿越地球轨道，存在撞击地球的机会。截至 2023 年 6 月 30 日，发现了 17 846 颗，发现占比大约 56.4%。

3. 阿坦型（Atens）近地小行星

轨道半长轴小于 1 个天文单位，并且远日点距离大于 0.983 个天文单位的近地小行星，也被称为内叉型近地小行星。它们绝大部分时间运行于地球轨道内侧，但在远日点附近会穿越地球轨道，存在撞击地球的机会。截至 2023 年 6 月 30 日，发现了 2 478 颗，发现占比大约 7.8%。

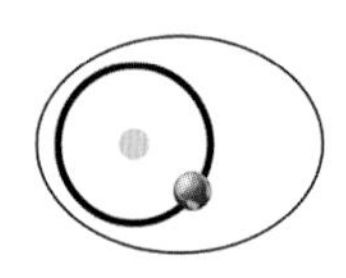

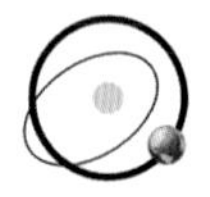

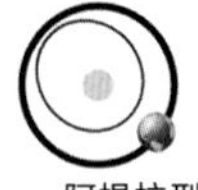

图 4-10　不同类型的小行星轨道分布

注：AU：天文单位　a：轨道半径长轴
　　q：近日点距离　Q：远日点距离

4. 阿提拉型近地小行星（Atiras）

远日点距离小于 0.983 个天文单位的近地小行星，也被称为地内型近地小行星。截至 2023 年 6 月 30 日，发现了 31 颗，发现占比大约 0.1%。

四、小行星观测

1. 人类观测小行星的工具

望远镜是人类观察宇宙的眼睛。望远镜具有多种波段，包括可见光望远镜、红外望远镜、射电望远镜和雷达望远镜。可见光望远镜和红外望远镜主要用于小行星的巡天发现、跟踪测量和特性探测，而雷达望远镜则用于小行星的精密轨道跟踪测量和特性探测。

可见光和红外望远镜具有探测距离远、探测视场大等优点，被广泛用于近地小行星的发现和跟踪测量。目前人类主要依赖地面上的可见光望远镜发现小行星，未来太空红外望远镜可能会在小行星巡天发现领域发挥巨大作用。由于大气对红外波段电磁波存在吸收现象，因此地面望远镜一般采用可见光波段，而太空望远镜可以考虑使用红外波段。

红外波段是人眼无法感知的波段，但红外波段对小行星的温度敏感。在阳光的照射下，小行星表面被加热，其释放的热辐射能够被红外望远镜捕获，进而被发现。根据热辐射强度、近地天体轨道等信息，可以较为精确地估计近地天体的大小。

2. 如何选择观测波段

在可见光波段，亮度并不与直径成正比，小行星的大小还取决于小行星表面材质的反照率。比如，一颗直径小但反照率高的小行星与一颗直径大但反照率低的小行星对比，二者在可见光望远镜探测器中呈现的亮度可能差不多。一般来说，可见光望远镜对小行星大小的估计存在超过 ±50% 的误差。

在可见光波段下观测小行星时，3 颗不同大小的小行星看起来相似，这是因为来自太阳的可见光是从岩石表

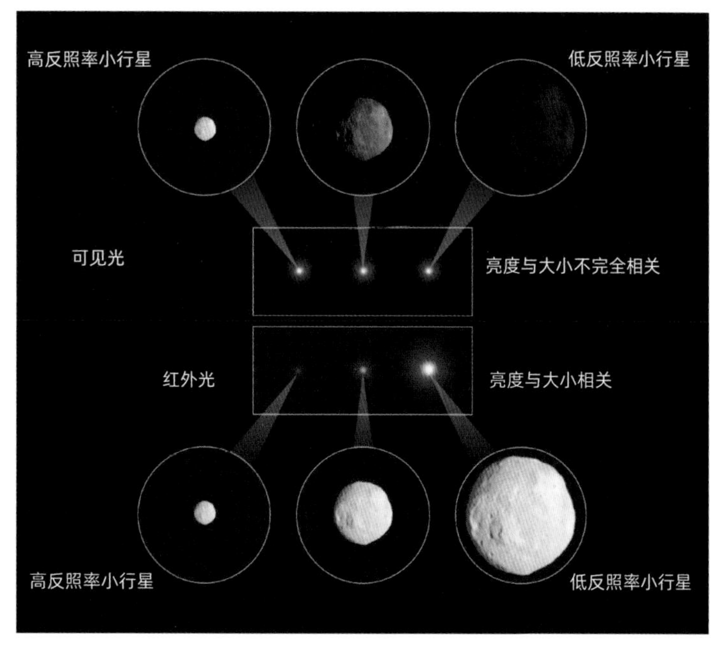

图 4-11 可见光波段与红外波段对比

面反射出来的（图 4-11）。一个物体的反照率越高，它反射的光线就越多。较暗的物体反射的太阳光很少，所以对于数千万千米之外的望远镜来说，一颗巨大的黑暗小行星可能看起来就像一颗小而亮的小行星。换句话说，在可见光波段，观测的小行星的亮度是其反照率和大小的综合体现。

由于红外探测器感知的是物体的热量，故与其大小和温度直接相关。在这种情况下，物体的亮度不会受到其反照率的强烈影响。因此，红外波段望远镜更有利于发现那些反照率低的暗弱小天体。红外望远镜对小行星大小估计精度优于 30%，甚至可以做到优于 10%，这也是美国和欧洲空间局正在规划天基红外望远镜的重要原因。

3. 中国天眼能否发现小行星呢?

由于小行星并不发射电磁波，因此作为射电望远镜之王的中国天眼 FAST 虽然口径巨大，但无法直接用来探测小行星。而中国复眼作为雷达，可以通过主动发射电磁波到小行星表面并接收回波的方式，对小行星进行高精度轨道跟踪测量，并对小行星的表面和次表层物理性质进行探测。未来，可以通过中国复眼发射电磁波、中国天眼接收的方式，对小行星实施探测，以充分利用中国天眼强大的电磁波接收能力，提升对小行星探测的灵敏度。

被称为“千眼天珠”的稻城射电成像太阳望远镜也可以用于接收雷达

回波，与中国复眼实施联合探测。由于发射电磁波并接收电磁波需要极高的指向精度，雷达观测一般需要光学望远镜的观测结果作为引导信息。

揭秘：中国三台观天巨眼

1. 中国天眼

中国天眼学名是500米口径射电望远镜（FAST）（图4-12），也是世界上最大的单口径射电望远镜，位于贵州黔南布依族苗族自治州境内。由中国科学院国家天文台南仁东研究员发起，在国家重大科技基础设施的支持下，2020年正式建成开放运行。其主要科学目标是对宇宙中性氢、脉冲星、星际分子等开展巡天研究。搜寻地外文明也是其科学目标之一。

图4-12 中国天眼

2. 中国复眼

中国复眼是北京理工大学牵头在重庆建设的分布式深空探测雷达，全名为“超大分布孔径雷达高分辨率深空域主动观测设施”（图 4-13），由 25 ～ 36 部 25 米口径的小天线构成，通过信号合成的方式构成一部大天线，用于开展近地小行星跟踪测量、地月空间态势感知等研究。作为雷达，中国复眼具备发射能力，既可以自发自收，又可以与天眼等其他射电望远镜合作，实现多站分发接收。

图 4-13　中国复眼一期工程

3. 千眼天珠

千眼天珠即稻城射电成像太阳望远镜（DSRT）（图 4-14），是中国科学院国家空间科学中心牵头建设的国家重大科技基础设施“子午工程（二期）”设备，由 313 个 6 米口径抛物面天线组成，所有天线均匀分布在直径 1 000 米的圆环上，由圆环中心 100 米高的定标塔为整个观测链路提供定标基准，状如一颗巨大的“千眼天珠”。千眼天珠是全球规模最大的综合孔径射电成像望远镜，主要科学目标是监测太阳爆发的活动，在夜间也可以与雷达设施合作，开展近地小行星观测等研究。

图 4-14 千眼天珠

我国在近地小行星巡天发现领域也取得了一定成就。目前我国近地小行星巡天领域的主力装备是中国科学院紫金山天文台（以下简称紫金山天文台）盱眙观测站的近地天体巡天望远镜，此外，我国国家天文台、新疆天文台和星明天文台，也开展了近地小行星巡天研究。

值得一提的是，我国民间天文爱好者建立的星明天文台在经历十年磨一剑的努力后，在 2023 年实现了近地小行星发现零的突破，在 2023 年 2 月 28 日发现了近地小行星 2023 DG2，并与新疆天文台合作发现了近地小行星 2023 DB2，证明了——有梦想谁都了不起！

五、中国小行星监测

1. 国家天文台施密特巡天计划

1995 年，国家天文台开展了施密特（CCD）小行星巡天计划，以兴隆观测基地一台施密特望远镜为主要探测设备。在 5 年时间里，发现了 1 颗彗星和 2 460 颗小行星、5 颗近地小行星，并从中确认了 2 颗具有潜在威胁的小行星。

2. 紫金山天文台近地天体巡天望远镜

紫金山天文台近地天体巡天望远镜（图 4-15）位于盱眙观测基地，是一台 1 米口径的施密特望远镜，是中国加入国际小行星预警网的主力观测

图 4-15 紫金山天文台近地天体巡天望远镜

设备，也是我国唯一近地小行星巡天专用望远镜。其视场约 10 平方度，极限观测能力约为 21 等星。

紫金山天文台近地天体巡天望远镜于 2006 年建成。截至 2023 年 3 月底，发现了 36 颗近地小行星（我国总发现量 43 颗），除此之外，还发现了大量主带小行星，为我国小行星命名工作做出了巨大贡献。值得一提的是，在 2023 年还发现了一颗预计肉眼可见的长周期彗星 C/2023 A3。

3. 星明天文台

星明天文台是我国民间爱好者建立的天文台，位于新疆乌鲁木齐市南郊甘沟乡小峰梁，拥有国际编号为“C42”“N86”“N88”“N89”的多台望远镜。自2007年成立以来，与国内爱好者合作发现3颗彗星、11颗小行星（永久编号），并将其发现的首颗小行星命名为朱进（科普专家、北京天文馆荣誉馆长）星。值得一提的是，2023年该天文台发现了首颗近地小行星。目前该天文台正在升级设备，预计能够在近地天体巡天领域

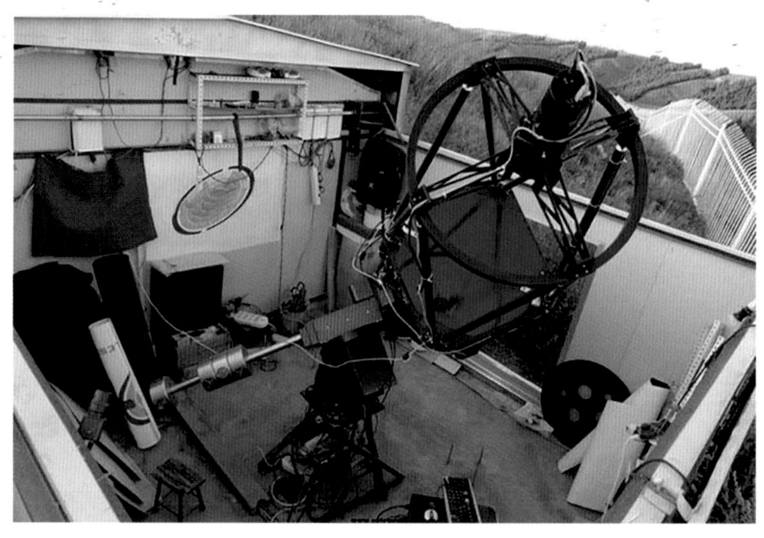

图4-16　星明天文台半米望远镜

做出更大突破。

4. 墨子巡天望远镜

墨子巡天望远镜发现首批近地小行星

墨子巡天望远镜是中国科学技术大学与紫金山天文台共同建设的巡天望远镜，位于青海冷湖。其望远镜口径 2.5 米，视场约为 6.5 平方度，极限观测视星等约为 23 等星。墨子巡天望远镜是北半球观测能力最强的时域天文学巡天装备，墨子巡天望远镜在完成调试后，有望显著增强我国在近地天体巡天发现领域的能力。

除此之外，我国还有云南天文台丽江 2.4 米口径望远镜、国家天文台兴隆 2.16 米口径望远镜，可用于小行星的跟踪观测和光谱测量，但由于其视场有限，无法实现对小行星进行巡天发现。

六、小行星监测预警系统漏洞在哪里?

小行星监测预警系统什么时候最脆弱?

目前近地小行星监测预警系统主要依赖于地基光学望远镜，但地基光学望远镜存在一些无法克服的弊端，可能导致监测预警系统存在较大的漏洞，这些漏洞必须通过天基监测系统才能得到弥补。

1. 地基光学望远镜只能观测夜空天区

这意味着如果小行星狡猾地从太阳方向飞来，在阳光掩护下袭击地球，地基光学系统就很难发现它们，这就是车里雅宾斯克事件中发生的事情。6 层楼高的小行星在撞击地球前人们几乎毫无觉察，主要是因为该小行星在当地时间白天撞击地球，在强烈的背景光照耀下，地基光学望远镜错失了这颗小行星的信号。

让人感到可怕的是，过去 120 年来 4 次最知名的小天体撞击事件（1908 年通古斯大爆炸事件、2013 年车里雅宾斯克事件、1976 年吉林陨石雨事件、2018 年白令海峡事件），肇事的小天体全部来自太阳方向。

2. 地基光学望远镜有效观测时间短，选址要求高

地基光学望远镜只能在晴朗的夜空工作，云、雨、空气污染、月光等都会对光学望远镜的正常工作有影响，一年有效观测时间可能不足 1/3，因此地基光学望远镜对选址要求极高，往往要求建设在少雨、少风、空气稀薄且平静的高原地区。目前，全世界一些大型光学设备主要建立在智利的沙漠地区。近年来，我国科学家在青海冷湖、南极冰穹 A（南极内陆冰盖海拔最高的地区）等地区发现了世界一流的光学台址，为我国建设世界

级光学望远镜系统奠定了台址基础。

3. 地基光学望远镜东西、南北布局不均匀

表现在东半球和南半球缺乏有力的巡天装备，2019 OK 小行星在飞临地球前 1 天才被发现，原因之一就是南半球装备匮乏。除此之外，随着“星链”等大规模巨型星座的发展，地基天文观测受到的干扰也越来越大。

巨型星座对小行星观测的影响

七、如何解决地基监测系统盲区问题

要解决地基监测系统的盲区问题，必须将望远镜放到太空中去。太空望远镜具有全天时、全天候的优点。通过选择合理的轨道，太空望远镜可以对地基盲区进行弥补。在太空中，没有大气的干扰，望远镜能够以更小的角度观测太阳附近的天区，为预警太阳方向的小行星提供了便利条件。

美国计划 2028 年后发射近地天体巡测者天基红外望远镜到日地系统 L_1 点轨道，但日地 L_1 点轨道距离地球仅约 150 万千米，有效预警距离有限。从 150 万千米到地球，可能也只有 1 ～ 4 天时间。这点时间甚至都不够确定出小行星的精确轨道，更别提疏散地面人员了。

知识链接

地球领航轨道

地球领航轨道共享地球环绕太阳的轨道，但相位领先于地球。地球领航轨道航天器在地球前方与地球结伴飞行，就像地球的“领航员”。与之对应，地球尾随轨道也共享地球环绕太阳的轨道，但相位落后于地球。地球尾随轨道航天器在地球后方与地球结伴飞行，就像地球的“小跟班”。地球领航／尾随轨道航天器只需要很少的燃料就可以保持与地球近似不变的距离，并且相

八、解决太阳方向小行星临近预警问题方案

为了解决太阳方向小行星的临近预警问题，我们也提出了一个新方案——把望远镜放到地球领航轨道上（图 4-17）。地球运行在一条围绕太阳的圆轨道上，如果把望远镜也放在这条轨道上，在地球前方大约 2 000 万千米处跟地球结伴飞行，让望远镜的视场正对着地球的太阳一侧，就可以实现太阳方向小行星的预警。

计算表明，选择合适的望远镜参数，地球领航轨道望远镜能够为几十米级小天体提供 5 天以上的预警时间，为预警通古斯和车里雅宾斯克级别的撞击提供了可能。

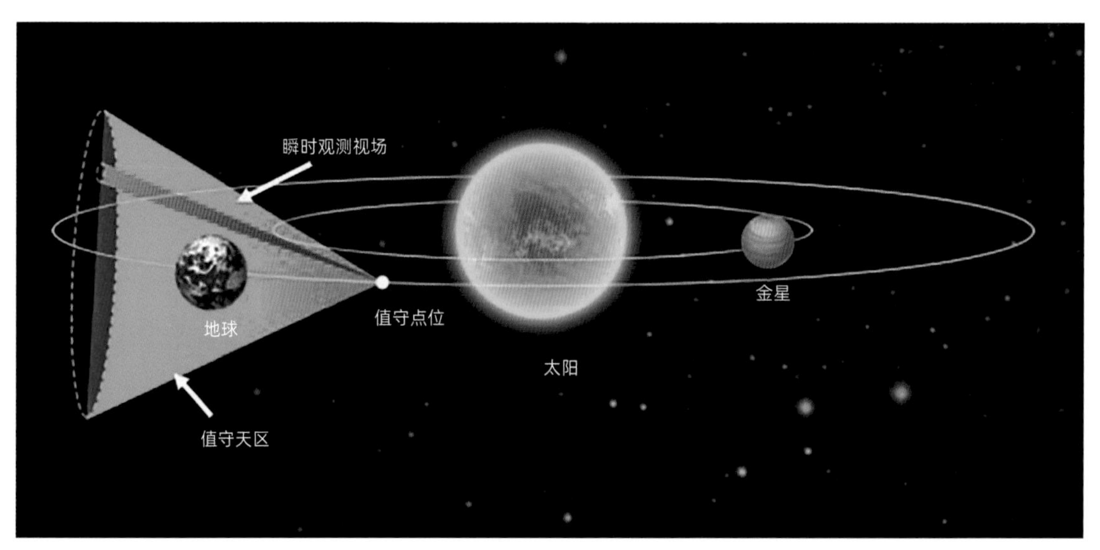

图 4-17 地球领航轨道望远镜

除了预警功能，它还能发现大量小行星，获取小行星的永久命名权；探测小行星的物理化学性质，发现适合探测、开采利用的小行星，为将来开发利用小行星资源奠定基础。

地球领航轨道望远镜运行在地球前方，为地球提供领航、护航，预警来自太阳一侧的潜在撞击风险，是中国在天基监测预警方面的独辟蹊径和在近地小行星临近预警领域弯道超车的机会。

对地球、太阳具有相对不变的构型，具有非常好的光照和热控条件，适合望远镜运行。

揭秘：美国下一代小行星监测望远镜

美国正在发展新一代地基小行星巡天望远镜系统——大型综合巡天望远镜（LSST），以及近地天体巡测者天基红外望远镜（NEO Surveyor），以提升美国在近地天体发现与测量方面的能力。

1. 大型综合巡天望远镜

大型综合巡天望远镜（图 4-18）是美国自然科学基金委员会和能源部联合资助的，位于南美智利阿塔卡马沙漠，当地海拔 2 682 米，是全世界最

图 4-18 大型综合巡天望远镜（LSST）

好的天文光学观测地点之一。

大型综合巡天望远镜光学口径达到惊人的 8.4 米，视场达到 9.62 平方度（相当于接近 50 个满月），极限探测能力为 24.5 等星，能够在 1.5 亿千米处发现等效直径约 90 米的近地小行星。因此，大型综合巡天望远镜被誉为近地小行星巡天发现领域的“屠龙刀”，其能力相当于现有小行星巡天系统的总和。大型综合巡天望远镜开始运行后可能革命性地提升小行星发现能力，尤其是将发现大量小尺寸近地小行星，提升近地小行星编目速度。此外，大型综合巡天望远镜将改变南半球缺乏大型近地天体巡天装备的局面，弥补地球监测预警系统在南北半球的漏洞。

2. 近地天体巡测者天基红外望远镜

近地天体巡测者天基红外望远镜（图 4-19）是美国国家航空航天局支持的，预计 2028 年被发射到距离地球 150 万千米的日地系统第一拉格朗日点。

近地天体巡测者望远镜口径为 60 厘米，波段为 4 ～ 5.2 微米和 6 ～ 10 微米。其目标是在 5 年的设计寿命期内，发现超过 2/3 的直径 140 米以上的近地小行星；额外开展 5 年拓展观测，发现 90% 直径 140 米以上的近地小行星。

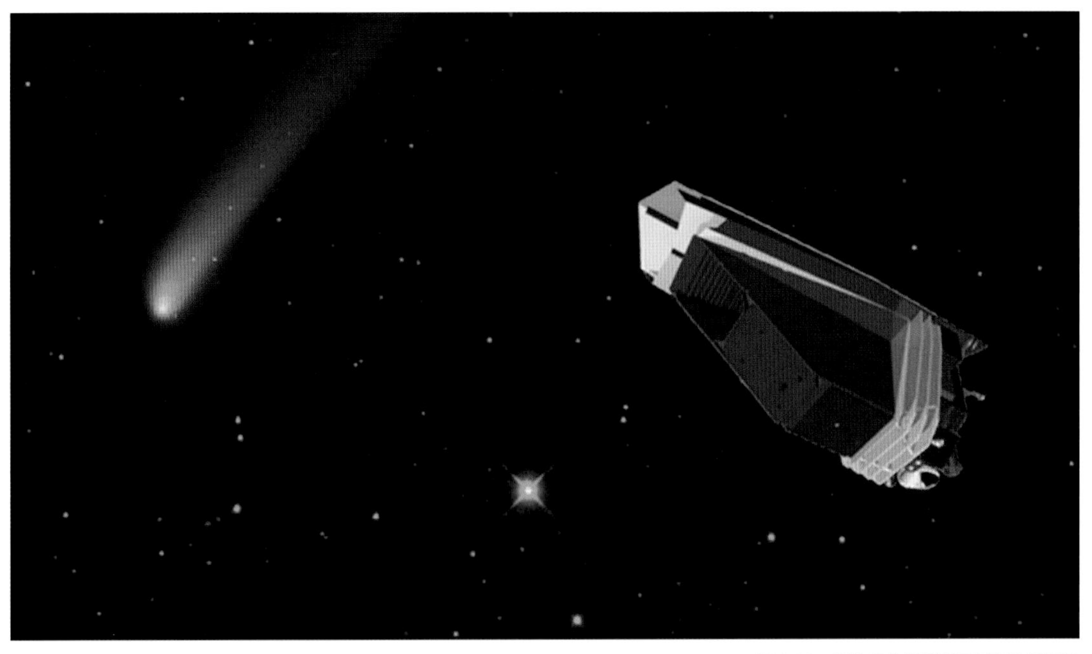

图 4-19 近地天体巡测者天基红外望远镜

第二节 小行星监测预警之“组合拳”

对小行星进行监测预警，不仅要知道小行星轨道在哪里，撞击概率有多大，也要了解小行星的大小、自转、材质等信息，进而才能为评估小行星撞击风险和危害，为制订小行星处置策略提供依据，其过程与中医的“望”“闻”“问”“切”颇有异曲同工之妙。

一、近地小行星监测之“望”

利用可见光或者红外望远镜在远距离发现小行星。在望远镜视野中，小行星是一个极其暗淡的光点。在实际观测中，往往是对同一天区，在不同时间拍摄 2 ～ 4 幅图像，通过对不同时间拍摄图像的比较，扣除相同的背景后，找出移动的小行星。

可见光望远镜是目前近地小行星监测的主流设备。近地小行星发现量排名前三的望远镜均来自美国，分别是：卡特琳娜巡天系统、泛星计划和小行星撞击末端告警系统。

地基监测容易受到大气、云雨等气象因素影响，台站选择一般要考虑大气视宁度、晴天率、云量等因素。观测条件良好的台站一般分布在降水少的高原地区，比如泛星计划位于夏威夷毛伊岛上哈雷阿卡拉火山的山顶。

我国天文学家发现青海冷湖为世界一流的光学天文观测基地，为我国未来开展近地小行星巡天观测创造了良好的条件。

二、近地小行星监测之“闻”

小行星的亮度与其大小、形状、自转状态以及小行星与太阳的距离和角度相关，对小行星进行光度测量，通过观测小行星的亮度变化，可以粗略估算小行星的大小、形状、自转状态。

太阳光按照波长可以分成紫外、可见光和红外等谱段，每个谱段又可以进一步细分成很多小谱段，就像可见光可以分成红、橙、黄、绿、青、蓝、紫一样，这些谱段称为光谱。阳光照射到小行星上，不同的物质元素会吸收不同谱段的阳光。对小行星进行光谱测量，通过分析小行星的光谱曲线形状及其吸收谱线，可以推断小行星的物质成分信息。

根据小行星的光谱曲线，可以大致将小行星分为三类:

C 型小行星：为碳质小行星，主要由富含有机物、

知识链接

视宁度

视宁度表征大气抖动对光学成像的影响程度，视宁度越高，望远镜图像越清晰。视宁度主要取决于大气湍流活动程度。我们肉眼所见恒星的闪烁，也是由大气湍流引起的。望远镜在选择台址的时候，要对台址周围的视宁度进行测量。

水合物的硅酸盐组成，反照率较低，一般孔隙率较高，密度较低，日本“隼鸟二号”探测的龙宫小行星和美国“冥王号”航天器探测的贝努小行星都属于典型的 C 型小行星。

S 型小行星：为岩石质小行星，主要由硅酸盐组成，反照率中等，密度接近岩石，日本“隼鸟一号”探测的糸川小行星和美国“舒梅克号”任务探测的爱神小行星都属于典型的 S 型小行星。

X 型小行星：为高反照率小行星，其中一族富含铁、镍等金属元素，反照率较高，密度接近铁陨石，美国“灵神星”任务将要探测的灵神星属于典型的 X 型小行星。

一般大型望远镜都会配置光谱仪终端。位于西班牙拉帕尔玛岛上口径达 10.4 米的加那利大型望远镜（图 4-20）是对小行星做光谱测量的利器。

图 4-20 加那利大型望远镜

三、近地小行星监测之“问”

对于近距离飞掠地球的小行星，利用雷达望远镜发射电磁波到小行星表面，再接收小行星反射的电磁波，通过一“问”一“答”的形式，感受小行星的“脉动”，可较准确地估算小行星的大小、形状、结构、孔隙率，从而测量小行星的精确轨道，估计小行星撞击地球的概率。

美国国家航空航天局建有先进的行星雷达系统，包括口径 305 米的阿雷西博望远镜和金石行星雷达望远镜（图 4-21），自 1968 年以来，已经对超过 1 000 颗小行星进行了雷达测量。阿雷西博望远镜于 2020 年末倒塌。目前，金石行星雷达望远镜具备能力在 750 万千米距离对直径 140 米级近地小行星进行跟踪测量。由于雷达同时具备方向和距离测量能力，雷达测

图 4-21 金石行星雷达望远镜

量对确定近地小行星的精确撞击概率具有重要意义。直径 340 米的阿波菲斯小行星是以埃及神话中毁灭之神命名的，一度被认为是对地球威胁最大的近地小行星，在融合雷达观测数据后，在 2021 年 3 月解除了阿波菲斯小行星在未来 100 年撞击地球的风险。

四、近地小行星监测之“切”

如果小行星撞击概率超过某阈值，需要发射航天器访问小行星，对其实施飞掠 / 绕飞探测，精确获取小行星表面高清图像以及物质成分、形状、结构、质量等特性信息，测量其精密轨道，为实施防御计划提供高精度特性参数输入。日本的“隼鸟号”任务和美国的“露西号”任务就是此类任务的典范。2023 年美国发布的《国家近地天体应对战略与行动规划》明确提出，要发展对小行星实施快速抵近侦察的空间任务，以提升在真实撞击场景下对小行星特性的探测能力。

第三节 爱好者，不可小觑

提到天文发现，你往往会想到昂贵的天文望远镜和训练有素的专业科研人员，但天文发现并不总是专业科研人员的特权。

民间天文爱好者凭借潜精积思的热情、持之以恒的耐心、布局广泛的观测站点、灵活独到的观测策略，同样可以取得重要的科学发现。

一、俄罗斯天文爱好者发现第一颗星际彗星“鲍里索夫”

2019 年 8 月 30 日，俄罗斯业余天文学家根纳迪•鲍里索夫发现了一颗正在高速闯入太阳系的星际彗星——C/2019 Q4（图 4-22），震惊了天文学界。这颗彗星独特的轨道偏心率，显示它并不属于太阳系，而是从太阳系外飞来。该星际彗星以鲍里索夫的名字命名为 Comet 2I/Borisov。

“奥陌陌”：彗星还是外星飞船?

此前，人类发现的唯一“星际游客”——奥陌陌，是 2007 年由美国夏威夷泛星计划的专业望远镜发现的，具有小行星特征。“鲍里索夫”成为人类发现的第二颗“星际游客”，也是第一颗星际彗星。研究表明，鲍里索夫彗星周围尘埃的特征与太阳系彗星很不一样，并且比太阳

图 4-22 鲍里索夫星际彗星

系中观测到的其他彗星更原始，可能是目前观测到的首个真正原始的彗星。

发现鲍里索夫彗星的望远镜位于克里米亚半岛，口径为 65 厘米，视场为 4.5 平方度，正是鲍里索夫本人亲手定做的（图 4-23）。鲍里索夫毕业于莫斯科州立大学天文系，毕业后从事了几年天文学研究，但随后将精力转向光学。他亲自设计光学系统，抛光、加工、组装光学仪器，并建立了自己的天文台（图 4-24）。

图 4-23 鲍里索夫和他的望远镜

图 4-24 鲍里索夫自己的天文台

鲍里索夫说："每个业余爱好者都梦想着发现一些不同寻常的东西。当你成功做到这一点时，你会感到快乐和幸福，并设定一项新任务。"

在大型专业望远镜林立的今天，业余爱好者如何取得有显示度的科学发现？鲍里索夫有自己独特的观点。

他将望远镜指向脱离黄道面的黄道面外的高纬度天区以及银河附近。由于大部分太阳系天体都分布在黄道面附近，加之银河会造成天光背景噪声，因此大部分专业天文望远镜都将搜索重点放在黄道面附近天区，很少去看银河和黄道面外的高纬度天区。而部分奇特的天体，比如鲍里索夫彗星，在发现时处于远离黄道面并且靠近银河密集恒星区域，因此专业天文望远镜错失了发现鲍里索夫彗星的机会。

这也体现了业余爱好者的灵活性，他们不用考虑实现最多的科学发现，而只专注于那些轨道奇特的小天体，这类小天体往往具有更大的科学价值，带领人们了解更多太阳系的未知领域。

2019 年 8 月 30 日，鲍里索夫在克里米亚半岛利用 65 厘米口径望远镜对银河所在天区进行了一夜观测，直到黎明前才结束。彗星出现在最后几张图像的最边缘天区。如果观测指向稍有偏移，可能就错失了发现鲍里索夫星际彗星的机会。

知识链接

黄道面

地球环绕太阳公转的轨道平面称为黄道面。太阳系行星的运行轨道分布在黄道面附近，比如金星轨道与黄道面夹角约为 3.39°，火星轨道与黄道面夹角约为 1.85°，而木星轨道与黄道面的夹角约为 1.31°。

二、业余天文学家帮助人类首次准确预测小行星撞击地球

格林尼治时间 2008 年 10 月 6 日 6时40 分，美国天文学家 R. Kowalski 通过卡特琳娜巡天系统发现一颗空间物体在以每分钟 6 角秒的速度高速移动，他认识到这可能是一颗近地小行星。他马上将观测数据上传至国际小行星中心网站，并开展了跟踪观测。

8 个多小时后的 14 时 59 分，国际小行星中心结合美国亚利桑那州萨比诺观测站、澳大利亚赛丁泉天文台、澳大利亚皇家天文学会观测站等 4 个观测站的观测资料，判断这是一颗近地小行星，并赋予编号 2008 TC3，通报了全世界天文学家，该小行星将于次日撞击地球，距离发现时间仅约 20 小时。

光学观测表明，2008 TC3 小行星的绝对星等仅约 30.4，直径为 4 米左右，即使撞击地球也会在大气层中发生爆炸。尽管如此，这是人类首次提前发现确定性撞击地球的小行星，是检验人类应对近地小行星能力的极佳机会。

在收到国际小行星中心的通告后，全球望远镜对 2008 TC3 小行星开展了接力观测，在小行星撞击地球前，共收到了接近 883 份观测数据，其中大部分数据是由天文爱好者提供的。这些数据对确定 2008 TC3 的精密

轨道和自转、预测撞击走廊和落点提供了非常大的帮助，也体现了在小行星撞击事件中，业余天文学家能够发挥的巨大作用。

在卡特琳娜巡天系统发现 2008 TC3 小行星后，由于地球自转，小行星逐渐离开了美国本土望远镜的视野，观测接力棒在亚洲、非洲和欧洲传递。西班牙的天文学家拍摄到了小行星进入地球阴影前的最后图像。最后一小时，小行星进入了地球阴影。在最终撞击地球前，地基光学望远镜再也无法看到 2008 TC3 小行星。最终 2008 TC3 小行星陨落在苏丹埃及边境的沙漠地带。

只有全球接力观测，才能实现对小行星的持续观测。专业望远镜尽管探测能力强大，但地理布局总是有限的，并且站点观测能力也受到当地气象条件的限制。而天文爱好者的望远镜在全球广泛分布，对开展小行星全球接力观测具有无与伦比的优势。

美国马萨诸塞州两位业余天文学家，对 2008 TC3 小行星的光变曲线进行了观测，为确定该小行星的形状和自转状态提供了重要信息。

客观上，因许多天文爱好者设备的时钟等信息不如专业望远镜标定的规范，也带来了一些观测误差，最终有 308 份观测数据由于偏差过大而无法使用。这也暴露了对全世界联网观测数据进行时间标定的重要性。

值得一提的是，在随后的陨石搜索中，天文爱好者也发挥了巨大作用。

在美国国家航空航天局流星天文专家 Jenniskens 和喀土穆大学物理学家 Shaddad 的带领下，大约 45 名学生从苏丹第六火车站出发，沿着 2008 TC3 的飞行轨迹去搜寻陨石。很快，一位名为 Mohammed Alameen 的学生发现了一块奇形怪状的黑色陨石，这是发现的第一块 2008 TC3 陨石。2008 TC3 陨石被命名为 Almahata Sitta 陨石，即为阿拉伯语“第六站”陨石（图 4-25）。经过搜索，人类最终回收了数百块陨石，为科学研究提供了丰富的样本。

“第六站”陨石是人类第一次提前发现小行星撞击地球、全球接力监测跟踪、准确预报陨落地点并成功回收的陨石。通过对陨石的实验室分析和望远镜光学观测数据的对比研究，为认识 2008 TC3 小行星的成分、密度、孔隙率、结构等物理化学特性，建立陨石和小行星母体的关联，提供了独特的研究样本。该陨石独特的际遇，使得其在收藏市场上也极受欢迎。我国最大的天文馆——上海天文馆就将其中一块“第六站”陨石

图 4-25 “第六站”陨石

作为镇馆之宝。

2008 TC3 事件成为检阅天文学家和天文爱好者齐心协力组织观测应对迫在眉睫的小行星撞击事件的实例，也暴露了天文爱好者设备标定不足等问题，以及我们还没有做好为这类迫在眉睫的小行星撞击威胁做出实质性干预行动的准备。

三、巴西天文爱好者发现 2019 OK 小行星

2019 年 7 月 24 日，三位巴西业余天文学家 Cristovao Jacques、Eduardo Pimentel 和 Joao Ribeiro de Barros 利用自建的 SONEAR（Southern Observatory for Near-Earth Asteroids Research）天文台发现了 2019 OK 小行星（图 4-26）。该小行星直径 60 ～ 130 米。

图 4-26　2019 OK 小行星飞临地球

1 天后，该小行星就与地球擦肩而过，距离地球表面最近约 65 000 千米，是已知最大的小行星如此接近地球。2019 OK 小行星如果撞击地球，可能会毁灭掉一个小型国家，因此引发了广泛的讨论。

该小行星之所以没有被大型望远镜发现，是因为该小行星的轨道（图 4-27）扁率非常大，近日点在金星轨道以内，而远日点在火星轨道附近，是一颗典型的阿波罗型近地小行星。由于轨道扁率非常大，该小行星在距离较远时，几乎是直线飞向地球的，因此小行星在望远镜探测器上的像点几乎是静止的。而目前的天文处理算法对这种移动特别缓慢的目标检测能力较弱。实际上，回溯泛星计划和美国小行星撞击末端告警系统的历史图像，发现该小行星早就进入过望远镜视场，只不过由于移动速度太慢未能被检

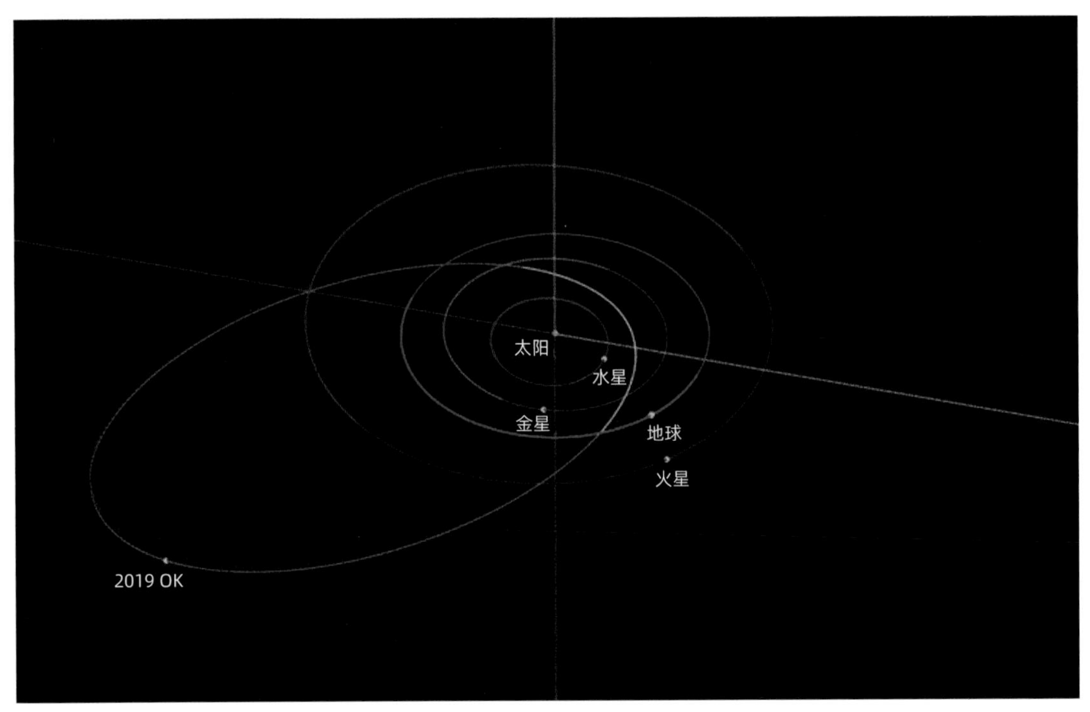

图 4-27 2019 OK 小行星轨道

测到。

巴西业余天文学家发现该小行星时，该小行星亮度约为 14 等星，发现设备口径约 45 厘米。专业望远镜往往倾向于对非常暗弱的目标进行深度搜索，而天文爱好者望远镜倾向于对大天区进行快速扫描，这也是天文爱好者的优势。此外，该小行星的飞行方向也决定了南半球的望远镜更容易发现它，体现了天文爱好者观测位置分布广泛的独特优势。

SONEAR 天文台成立于 2013 年，两台望远镜口径分别为 45 厘米和 28 厘米，分别能够看到 19.5 和 16 等星。得益于其南半球的独特位置，先后发现了 22 颗近地小行星和 7 颗彗星，包括令其声名大噪的 2019 OK 小行星。

如果未来有一天小行星撞击地球，发出预警信息的不是专业的天文机构，而是一位天文爱好者，你也不必惊讶。

图 4-28　SONEAR 天文台及三位创始人

四、天文爱好者发现舒梅克 – 列维 9 号彗星

1994 年 7 月 17 日 4 时 15 分，舒梅克 – 列维 9 号彗星与木星相撞（图 4-29），这是人类首次目睹太阳系内发生的天体撞击事件，给人类带来了极大的震动。彗星与木星相撞事件深刻改变了人类社会对小天体的看法，更多的人清醒地认识到，防范小天体撞击地球并非杞人忧天。

舒梅克 – 列维 9 号彗星于 1993 年 3 月 24 日由著名的彗星发现三人组——美国天文学家舒梅克夫妇和加拿大天文爱好者列维——在美国加利福尼亚州帕洛玛天文台共同发现的，望远镜口径为 46 厘米。那是他们发现的第 9 个彗星，依据彗星命名规则，依照三位的姓氏命名。

1993 年发现的舒梅克 – 列维 9 号彗星，其形态非常奇特，十几个活

图 4-29　彗星与木星相撞图片

跃的彗核碎片排列得像一串发光的珍珠（图 4-30）。轨道分析表明，舒梅克－列维 9 号彗星最初运行在环绕太阳的日心轨道上，1929 年被木星引力俘获，成为环绕木星运行的彗星。1992 年 8 月彗星从木星表面 22 000 千米高度掠过木星，木星强大的引力将彗星撕裂成了超过 20 个碎片。

1994 年 7 月 16 日至 22 日，舒梅克－列维 9 号彗星的主要碎片以约 61 千米 / 秒的速度高速撞击了木星。撞击能量超过了 480 亿吨 TNT 炸药，等效约 320 万颗广岛原子弹，比全球所有的核武器能量还大好几倍。彗星碎片高速冲击木星大气层，形成了壮观的明亮火球。燃烧余烬在木星大气层中留下了巨大的黑色斑点，其中最大的黑斑超过地球的直径。

人类调动了全世界的地基望远镜、哈勃空间望远镜，甚至飞往木星途中的伽利略卫星对事件进行了全程观测。由于视角问题，地球附近的

图 4-30　哈勃空间望远镜观测到的舒梅克 - 列维 9 号彗星

望远镜无法直接观察到撞击过程，只有伽利略卫星直接拍到了彗木相撞图片。

但随着木星自转，彗木相撞产生的巨大黑斑逐渐变得可见，即使利用小型望远镜也能够看到。事件发生几年后，仍然可以检测到木星大气层中的一氧化氮和氰化氢含量异常。

尤金·舒梅克（图 4-31 中）出生于 1928 年，先后在加州理工大学和普林斯顿大学就读，是科班出身的科学家。尤金于 1948 ~ 1993 年服务于美国地质勘探局，领导建立了美国地质勘探局天体地质学部门。他为确定流星撞击坑的小行星撞击成因做出了突出贡献。

卡洛琳·舒梅克（图 4-31 右）主修历史、政治学和英语文学，1951 年与尤金结婚，做过高中教师，随后成为家庭主妇。在抚养孩子的过程中，她协助丈夫开展近地天体搜索工作，并成为这方面的专家，于 1989 年成为北亚利桑那大学的天文学研究教授。卡洛琳和尤金都是洛威尔天文台的工作人员。

图 4-31 舒梅克 - 列维 9 号彗星发现三人组

大卫·列维（图 4-31 左）是一位业余天文学家，主修英语文学，是《天空与望远镜》杂志专栏作家，出版了多部天文学作品。1988 年，大卫·列维发现了一颗彗星，舒梅克夫妇在对彗星跟踪的过程中认识了大卫·列维。从此三人开始了长期合作，形成了著名的彗星发现三人组。大卫·列维发现了 22 颗彗星，其中三人组合作发现了 13 颗彗星。

以上仅仅是天文爱好者在太阳系小天体发现领域取得的部分成果。实际上，天文爱好者在太阳系天体发现领域所取得的成果远不止于此。

2019 年，日本天文学家利用天文爱好者级别望远镜发现了直径为千米级的柯伊伯带天体；2020 年，巴西天文爱好者发现直径千米级近地小行星 2020 QU6；2021 年，天文爱好者 Kai Ly 发现了木星系统的第 80 颗卫星。

同一个地球，同一片星空。只要心存热爱，不管专业研究还是业余爱好，都能够为探索未知世界、守护地球家园做出贡献。

政策规划制定者和专业科研人员也应该重视天文爱好者在科学探索和行星防御中发挥的独特作用，实现专业科学研究与公民科学普及的完美结合。

第四节 如何判别小行星危险程度?

一、小行星撞击地球风险等级

如何衡量小行星危险程度

小行星撞击地球灾害效应与小行星撞击风险、撞击能量、撞击区域等相关。

撞击风险指小行星撞击地球的可能性，其计算准确度主要取决于小行星的轨道测量精度；撞击能量主要取决于小行星大小、材质、密度、撞击速度等因素，一般可利用小行星大小近似等效；而撞击发生区域的人口、经济、工业分布则影响灾害损失。

为了量化小行星的撞击灾害，国际上引入了都灵指数和巴勒莫指数。其中，都灵指数分为 0 ～ 10 共 11 个级别，用于向公众说明小行星撞击事件风险等级。而巴勒莫指数是连续的，主要用于科学家量化近地小行星的撞击风险。

都灵指数主要考虑了小行星撞击风险、撞击危害程度以及撞击事件发生的紧迫性，构建了 11 个级别量化描述小行星的撞击风险（表 4-1），并给出了绿色、黄色、橙色和红色四种等级的预警事件。

绿色预警为无须公众关注的日常威胁场景；

黄色预警为需要天文学家介入的小行星撞击场景，如果撞击概率大于 1%，并且潜在撞击事件发生在未来 10 年之内，应该让公众知悉；

橙色预警为需要政府采取措施制订应对计划的小行星撞击场景，此时撞击概率已经比较大，对于大尺寸小行星还需要开展国际合作制订应对计划；

红色预警为确定性会发生并且会造成城镇级以上威胁的撞击场景，这类场景需要人类采取处置措施。

表 4-1 小行星撞击地球风险的都灵指数

风险等级	危害程度	都灵指数	风险描述
无威胁	无威胁	0	撞击概率为零或者接近为零。在大气层中会燃尽的小天体或者即将降落地表也几乎不会造成威胁的陨石事件
绿色预警	常规威胁	1	日常观测发现小行星存在极低的撞击威胁，无须公众关注，新的观测可能会排除威胁，使得都灵指数回落到 0 级
黄色预警	天文学家介入	2	日常观测发现小行星接近地球，值得天文学家关注，但撞击概率很低，无须公众关注，新的观测可能会排除威胁，使得都灵指数回落到 0 级
		3	撞击概率达到 1%，可能会造成城镇级威胁，新的天文观测可能会使得都灵指数回落到 0 级。如果潜在撞击发生 10 年之内，应该让公众知悉
		4	撞击概率达到 1%，可能会造成区域级威胁，新的天文观测可能会使得都灵指数回落到 0 级。如果潜在撞击发生 10 年之内，应该让公众知悉
橙色预警	威胁显著上升	5	小行星近距离飞越地球，可能造成区域级威胁，撞击概率较高但仍然无法确定撞击是否发生。需要天文学家对小行星进行重点关注，以确定是否会撞击地球。如果发生在 10 年之内，需要政府机构制订应对计划
		6	大尺寸小行星近距离飞越地球，可能造成全球性威胁，撞击概率较高但仍然无法确定撞击是否发生。需要天文学家对小行星进行重点关注，以确定是否会撞击地球。如果发生在 30 年之内，需要政府机构制订应对计划
		7	大尺寸小行星以特别近的距离飞越地球，可能在 100 年内造成前所未有的全球性威胁，撞击概率较高但仍然无法确定撞击是否发生。需要天文学家对小行星进行重点关注，以确定是否会撞击地球，需要开展国际合作制订应对计划
红色预警	确定性撞击	8	撞击确定发生，造成城镇级威胁或者引发近海海啸。事件发生频率为 50 ～ 1 000 年 / 次
		9	撞击确定发生，造成区域级威胁或者引发大海啸。事件发生频率为 10 000 ～ 100 000 年 / 次
		10	撞击确定发生，无论撞击陆地还是海洋都会造成全球气候灾变，威胁人类文明生存。事件发生频率为超过 100 000 年 / 次

二、人类能否对小行星轨道进行长期预测？

在大行星引力和空间环境扰动力作用下，近地小行星的轨道是不稳定的。当近地小行星凑巧进入大行星的引力影响范围的时候，大行星的引力会狠狠地“拉一把”小行星，从而使得小行星的轨道几乎在一瞬间发生较大改变，与航天器的“引力弹弓”效应相似。比如 2029 年 4 月 13 日，阿波菲斯小行星将飞临地表 32 000 千米高度，届时地球人将肉眼可见这颗小行星。这次飞越后，地球引力将显著改变该小行星的轨道，阿波菲斯将从一个阿坦型近地小行星（大部分时间运行在地球轨道内侧）变为一个阿波罗型近地小行星（大部分时间运行在地球轨道外侧）。这次近距离飞越，也为利用地球附近的望远镜和航天器对阿波菲斯小行星开展探测提供了便利条件。国际社会正在酝酿对其实施 2029 年探测的计划，也拟提议 2029 年为全球行星防御年，以强化公众的行星防御意识。

阿波菲斯小行星最早发现于 2004 年，一度被认为是对地球威胁最大的近地小行星，2029 年对地球的撞击概率曾经高达 2.7%，如果撞击地球，可能导致洲际级灾难。该小行星也被称为毁神星，意为古埃及黑暗、混乱及破坏之神。随着观测资料的增多，该小行星撞击地球的风险已经被解除，将会在 2029 年和 2036 年安全飞过地球（图 4-32）。

大行星的引力使得小行星的轨道运动呈现混沌特性。混沌特性使得近地小行星的长期轨道预测极其困难，我们也很难准确预测几百年后小行星是否会撞击地球。对于近地小行星，我们只能持续加强监控，并分析其潜在撞击地球的风险。

三、多危险会触发小行星防御？

小行星撞击在什么条件下应该采取处置措施呢？这些需要综合撞击风险、撞击可能引发的潜在灾害和损失等因素来决定。

如果小行星的直径太小，即使撞击概率很高，但大

知识链接

混沌

确定性动力学系统因对初值敏感而表现出的不可预测、类似随机性的运动，反映确定性动力学系统的内禀随机性。比如由于观测始终存在误差，我们无法准确测量每时每刻小行星的轨道位置和速度。在预测小行星的长期轨道演化时，尽管小行星的轨道动力学模型可以认为是较为准确的，甚至可以被完全准确建模的，但由于测量误差的存在，微小的轨道初值误差可能导致小行星长期轨道演化相差很远，所谓“差之毫厘，谬以千里”。

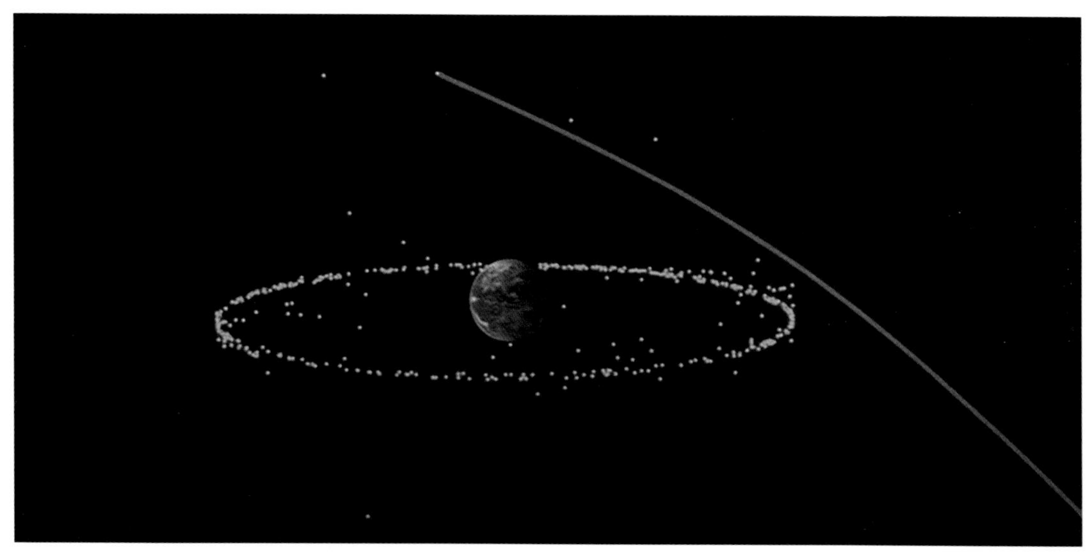

图 4-32 阿波菲斯小行星 2029 年飞越地球

气足以将其烧蚀解体，此时显然不需要采取处置措施。如果小行星的直径比较大，一旦撞击地球就有可能导致洲际级别灾害甚至全球文明消失，这时候哪怕撞击概率比较小，也需要采取处置措施。因此，决定是否采取处置措施的因素是复杂的。

1. 小行星防御的国际组织

2014 年，联合国外太空司推动成立了两个国际组织，以应对近地小行星撞击威胁。

一是国际小行星监测预警网（IAWN），负责协调全球观测资源，对近地小行星进行监测预警，致力于在小行星撞击地球前发现它们。在发现潜在的小行星撞击事件后，组织全球观测资源对小行星进行跟踪观测，确定其精密轨道、撞击概率、预报落点和潜在危害效应，并及时向国际社会公布小行星撞击风险。

二是空间任务规划咨询小组（SMPAG），负责研究防御小行星的机制流程、应对技术。在发现潜在的小行星撞击地球事件后，评估实施处置的风险和收益，组织开展对小行星抵近侦察，以及消除或减缓近地小行星撞击灾害的空间任务设计，评估处置方案的效果以及可能引起的次生灾害，并及时向国际社会公布处置进展。

中国国家航天局于 2018 年加入了国际小行星监测预警网和空间任务规划咨询小组。除此之外，中国民间天文台——星明天文台也加入了国际小行星监测预警网。

2. 小行星撞击风险行动准则

2017 年，空间任务规划咨询小组提出了应对近地小行星撞击风险的行动准则建议：

（1）国际小行星监测预警网络应对所有直径大于 10 米（如果仅有光学数据，亮于 28 等星的目标）并且撞击概率超过 1% 的近地小行星撞击事件发出预警；

（2）如果撞击事件发生在 20 年内、撞击概率大于 10%，并且小行星直径大于 20 米（如果仅有光学数据，亮于 27 等星的目标），则应该在地面上开展小行星防御在轨处置任务规划的准备工作；

（3）如果撞击事件发生在 50 年内、撞击概率大于 1%，小行星直径大于 50 米（如果仅有光学数据，亮于 26 等星的目标），空间任务规划咨询小组应该开始小行星防御在轨处置任务的规划设计。

2021 年，美国白宫科技政策办公室给出了对来袭小行星实施抵近探测任务的建议准则：在满足空间任务规划咨询小组第三条的前提条件下，如果时间充足（3 年以上预警时间），则实施一次对小行星抵近探测任务，以获取小行星的目标特性，为实施在轨防御任务提供精细的目标特性信息，提高处置成功率。

美国白宫科技政策办公室还给出了实施在轨处置任务的行动准则建议:

（1）撞击事件发生在 50 年内并且撞击概率大于 10%；

（2）在轨处置任务在技术上是有效的，会降低小行星撞击地球的概率，并且等待更长时间确认撞击事件发生的置信度会降低成功处置的概率；

（3）撞击可能导致美国死亡人数超过 100 人或者撞击导致的损失超过实施处置行动的成本。

实际上，考虑到小行星撞击落区存在较大的不确定性，每个地区的人口、经济、基础设施又有很大区别，对小行星撞击可能引发的灾害损失评估是一件很难的事情。车里雅宾斯克事件的灾害损失大约 3 300 万美元，美国白宫科技政策办公室估计实施一次在轨处置任务的成本为 4 亿～ 8 亿美元。美国每年飓风灾害损失大约为 1 100 亿美元，而 2018 年加利福尼亚州山火损失为 280 亿美元。从这个角度看，对美国来说，车里雅宾斯克事件是不值得防御的。

白宫科技政策办公室给出了几个值得防御的场景:

（1）直径 50 米小行星撞击在美国人口稠密的地区；

（2）直径 140 米小行星撞击在北美地区；

（3）直径 300 米小行星撞击在全球任何区域。

可见对美国来说，是用对自己是否“划算”来决策是否实施小行星防御。大家各扫门前雪，如果有小行星撞击在美国之外，美国大概率是不会介入的。

四、小行星预警系统

望远镜发现一颗疑似近地小行星后，一般会上报到国际小行星中心，放入待确认天体列表。该中心是国际天文学联合会资助的机构，挂靠在哈佛大学史密森天体物理中心，负责汇集全球观测数据。

分布在全球各地的天文观测者会自发对放入待确认天体列表中的小行星候选体进行观测。国际小行星中心会对小行星候选体进行定轨，确认其是不是一颗新的近地小行星，并赋予其临时编号。

美国国家航空航天局近地天体研究中心的“侦察兵”系统会实时分析国际小行星中心待确认天体列表中的小行星候选体，计算其撞击概率和撞击地球的轨迹。

对已赋临时编号的近地小行星，则由“哨兵”系统对其未来与地球的撞击概率和撞击轨迹进行计算并发布，并给出都灵指数和巴勒莫指数。

目前列表中所有小行星的都灵指数都为 0，意味着无须公众关注。

第五节　危险小行星有哪些?

一、贝努小行星

巴勒莫指数最高的小行星是贝努小行星（图 4-33），其直径约 492 米，在 2178 ～ 2290 年存在 5.7/10 000 的撞击地球概率，如果撞击地球，可能导致洲际级灾难。随着更多的观测，其撞击风险可能会被解除。

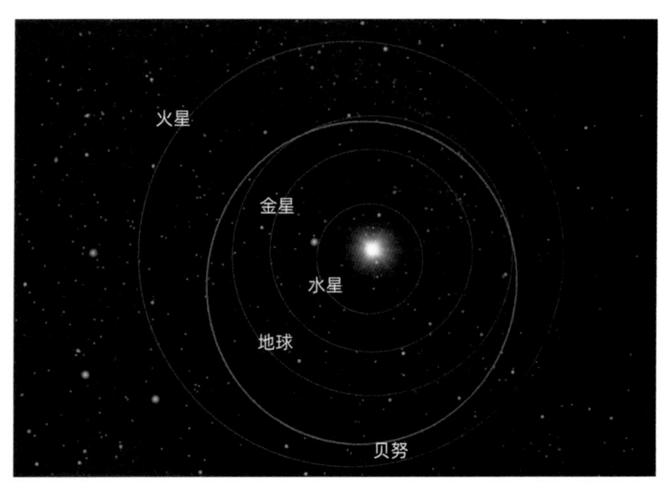

图 4-33　贝努小行星

二、1950 DA 小行星

巴勒莫指数排名第二的小行星是1950 DA小行星（图4-34），直径约1.3千米，在2880年存在2.9/100 000的撞击地球概率，如果撞击地球，可能导致包括人类在内的物种灭绝。1950 DA小行星的撞击风险，也可能会随着更多观测资料被解除。

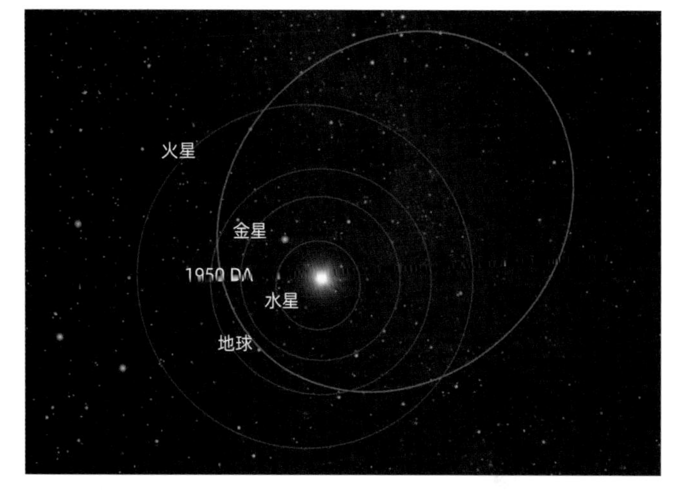

图4-34 1950 DA 小行星

三、2021 EU 小行星

巴勒莫指数排名第三的小行星是2021 EU小行星（图4-35），等效直径约28米，在2024～2093年间存在7.5/100 000的撞击地球概率，

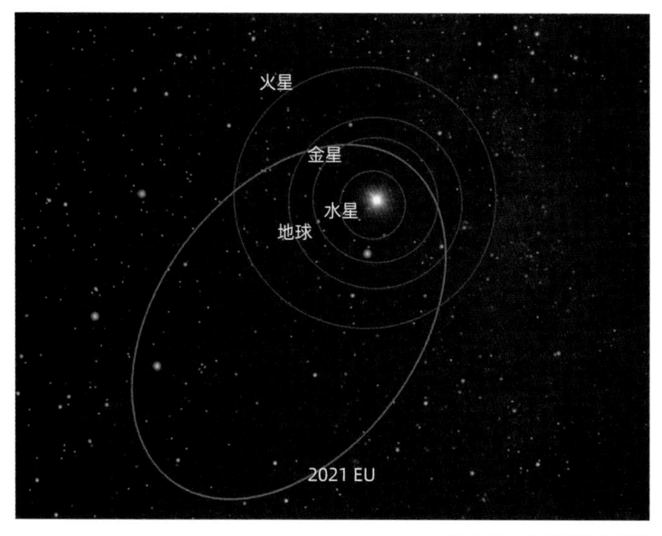

图4-35 2021 EU 小行星

其中，2024 年撞击地球概率为 2.9/100 000。一旦撞击地球，这颗小行星会在大气层中解体空爆，冲击波和热辐射效应可能会导致比车里雅宾斯克事件更为严重的灾害，导致一个中型城市级灾难。其最可能的撞击时间发生在 2024 年 2 月 27 日。但很遗憾，在这颗小行星撞击地球之前 7 天才能观测到这颗小行星（假设观测能力为 24 等星），在此之前，全球望远镜都无法看到它。由于 7 天时间过于短暂，来不及实施空间任务，如果其撞击地球，采取疏散是最好的减灾措施。雪上加霜的是，这颗小行星是从太阳方向来袭，使得地面望远镜对其进行有效观测时段极短，并且小行星信号在大气层中衰减更严重，非常不利于观测。值得注意的是，撞击概率本身就存在一定的不确定性，根据欧洲空间局的计算，这颗小行星在 2024 年的撞击概率仅为 1.46/1 000 000。如果能够有探测器对其进行抵近飞掠，将能够进一步确认其撞击概率。

四、2000 SG344 小行星

巴勒莫指数排名第四的小行星是 2000 SG344 小行星（图 4-36），直径约 37 米，在 2069 ～ 2122 年存在 2.7/1 000 的撞击地球概率，如果撞击地球，可能导致中等城市灾难。这颗小行星轨道与地球较为接近，也是美国国家航空航天局载人登陆小行星计划（已搁置）的目标小行星之一。

五、2008 JL3 小行星

巴勒莫指数排名第五的小行星是 2008 JL3 小行星（图 4-37），等效直径约 29 米，在 2027 ~ 2122 年间存在 1.7/10 000 的撞击地球概率，其中，2027 年撞击地球概率为 1.5/10 000。其最可能的撞击时间发生在 2027 年 5 月 1 日。与 2021 EU 小行星类似，其撞击效应可能摧毁一个中型城市，在撞击事件发生前，同样没有地基观测机会。

需要说明的是，还有大量未知近地小行星有待发现，真正的“杀手”小行星我们可能

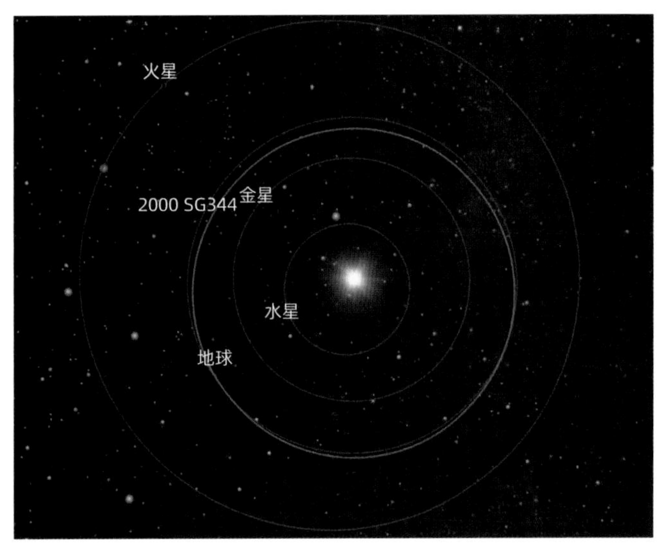

图 4-36　2000 SG344 小行星

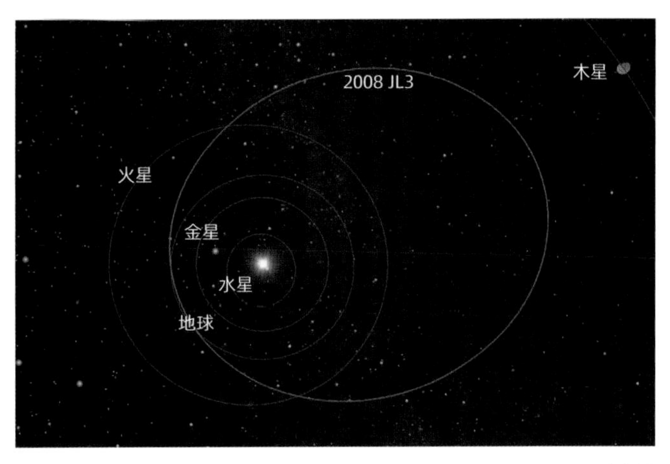

图 4-37　2008 JL3 小行星

知识链接

最小轨道交叉距离

最小轨道交叉距离是两个不同天体所在椭圆轨道之间的最小距离。最小轨道交叉距离可以直观地度量两个天体之间的潜在撞击风险。比如我国将要探测的 2016 HO3 小行星，与地球的最小轨道交叉距离约为 0.13 个天文单位，这意味着该小行星与地球最近距离不会小于 1 945 万千米。需要注意的是，最小轨道交叉距离度量的是两个轨道之间的最小距离，而非两个天体之间的最小距离。最小轨道交叉距离不意味着两个天体的实际最近距离。只有两个天体必须同时都运行到它们轨道最近的相位，它们的距离才是最小轨道交叉距离。

2022 EB5 小行星是如何被发现的？

根本就不知道它们在哪里。

在刚发现近地小行星时，由于定轨精度并不高，很难精确计算小行星的撞击概率。为了区分关注优先级，天文学上将直径大于 140 米（或绝对星等小于 22），并且与地球的最小轨道交叉距离小于 750 万千米的小行星称为潜在威胁小行星（PHA）。潜在威胁小行星一旦撞击地球就有可能引发区域级危害，是人类重点关注的对象。

其实，潜在威胁小行星仅从轨道距离和大小两个角度做出一个较为宽泛的约束，绝大部分潜在威胁小行星对地球是没有威胁的。一颗小行星如果并非潜在威胁小行星，也未必就对地球没有威胁。比如导致车里雅宾斯克事件和通古斯大爆炸事件的近地天体，虽然直径仅约 18 米和 50 米，但仍然可导致城镇级和大城市级灾难。

第六节　人类对小行星撞击的成功预警

一、成功预警 2022 EB5 撞击地球

北京时间 2022 年 3 月 12 日凌晨 5 点 23 分，一颗

直径约 2 米的小行星 2022 EB5 闯入地球大气层，在冰岛附近海域上空解体爆炸，这是人类有史以来第五次提前预警小行星闯入事件，是由位于匈牙利、编号为 K88 的双鱼座天文台发现的。

此次小行星闯入预警是怎样做到的呢？

2022 年 3 月 11 日，一个再平凡不过的晚上，在匈牙利布达佩斯附近的双鱼座天文台，天文学家克里斯蒂安•萨尔内茨基在当地时间晚上 7 点准备开始一整夜的巡天观测。他的目标是寻找那些来自太空中的危险小行星。

这并不容易，因为他的设备是一台 0.6 米口径的施密特望远镜。衡量望远镜观测能力的一个关键指标是口径，口径越大，收集光线能力越强，越能在更远的地方发现更暗弱的小行星。相比美国的卡特琳娜巡天系统（3 台望远镜，最大口径 1.5 米）等，双鱼座天文台的望远镜在观测口径方面并不占据优势。但也并非完全没有机会，因为美国的望远镜大部分部署在美国本土和太平洋上的夏威夷岛。双鱼座天文台位于东欧，在地理位置上正好可以与美国开展“接力”观测。

比如：此时，美国本土和夏威夷岛的望远镜还处于白天，性能再强大的光学望远镜在白天也只能“趴窝”，因为白天耀眼的阳光会将小行星十分微弱的信号淹没。就像我们白天看不到星星一样，光学望远镜在白天也看不到小行星。“个头”较大的小行星大部分在很远的地方被美国那些大口径的望远镜提前发现了，但总还有一些小尺寸的漏网之鱼。这些“小家伙”们太小了，它们反射的太阳光过于暗弱，只有在临近地球前，才可能被望远镜看到。

克里斯蒂安•萨尔内茨基像往常一样制订观测计划，对那些天区格子进行逐个扫描。在当地时间 20 时 24 分（格林尼治时间 19 时 24 分）的时候，他发现一个亮度约 17 等星的移动目标——有条“鱼”上钩了。克里斯蒂安•萨尔内茨基很清楚这条“鱼”的运动速度，多年的观测经验让他相信，这条“鱼”一旦咬钩就不可能从“渔网”中逃脱，因此他并没有中断观测计划，而是让望远镜继续扫描后面的天区格子。

半小时后，克里斯蒂安•萨尔内茨基完成了预定的观测计划。当他调动望远镜再去找那条“鱼”时，他惊讶地发现“鱼”不见了。难道这条“鱼”游得特别快？他很快在原本预计位置的北面天区发现了这条“鱼”，还有它在天空游动时划过的“尾迹”。显然，这不是一条寻常的“鱼”，这是他多年观测生涯中没有发现过的。这条“鱼”的游动速度显然超出了绝大部分的小行星。

克里斯蒂安•萨尔内茨基最开始认为，这是一颗人造物体，或许是运行在地球大椭圆轨道上的废弃火箭末级，否则它不可能“游动”这么快！

然而，一个不可思议的想法出现在他的脑海里：这会不会是一颗将要撞击地球的小行星？如果它不是一颗人造物体，就一定是一颗将要撞击地球的小行星，因为只有将要撞击地球的小行星才可能移动这么快！

克里斯蒂安·萨尔内茨基将望远镜观测图片的坐标输入到轨道计算软件中。软件提示：撞击！格林尼治时间 2022 年 3 月 11 日 21 时 22 分，北纬 70.263°，西经 9.88 809°。也就是说，距离这颗小行星撞击地球只有 1.5 小时了！

通过亮度和速度来判断，这颗小行星可能直径只有几米，会在大气层中烧蚀解体，不会对人类造成任何威胁。这也是人类有史以来，第五次在小行星闯入地球前，人类成功预警小行星闯入事件。

克里斯蒂安·萨尔内茨基激动万分，他已经将数据上传到国际小行星中心的待确认天体页面。与此同时，他还试图将观测数据发送到小行星观测社区，以便将这个“大事件”第一时间告知国际观测同行。匆忙中，他写错了邮件地址，最终邮件没能被发送到小行星观测社区。

知识链接

人类成功预警到近地小行星撞击地球事件

（1）2008 年 10 月 6 日，卡特琳娜巡天系统发现的 2008 TC3 小行星，直径约为 3 米，撞击速度约为 12.8 千米 / 秒，预警时间约为 17 小时；

（2）2014 年 1 月 1 日，卡特琳娜巡天系统发现的 2014 AA 小行星，直径约为 2.3 米，撞击速度约为 11.7 千米 / 秒，预警时间约为 19 小时；

（3）2018 年 6 月 2 日，卡特琳娜巡天系统发现的 2018 LA 小行星，直径约 2.8 米，撞击速度约 16.8 千米 / 秒，预警时间约为 7 小时；

（4）2019 年 6 月 22 日，卡特琳娜巡天系统发现的 2019 MO 小行星，直径约 5 米，撞击速度约为 16.1 千米 / 秒，预警时间约为 12 小时；

（5）2022 年 3 月 11 日，匈牙利双鱼座天文台发现的 2022 EB5 小行星，直径约 2 米，撞击速度约为 18.5 千米 / 秒，预警时间约为 2 小时；

（6）2022 年 11 月 19 日，卡特琳娜巡天系统发现的 2022 WJ1 小行星，直径约为 0.7 米，撞击速度约为 13.96 千米 / 秒，预警时间约为 4.5 小时；

（7）2023 年 2 月 13 日，匈牙利双鱼座天文台发现的 2023 CX1 小行星，直径约 1 米，撞击速度约为 14.02 千米 / 秒，预警时间约为 6.5 小时。

幸运的是，克里斯蒂安•萨尔内茨基上传到国际小行星中心的数据，触发了欧洲空间局的“海猫”小行星撞击评估系统和美国国家航空航天局“侦察兵”小行星撞击评估系统。根据最初的 4 次观测数据，这颗小行星撞击地球的概率约为 1%。1 小时后，格林尼治时间 20 时 25 分，克里斯蒂安•萨尔内茨基上传了 10 次最新的观测数据，撞击概率上升到 100%。在确认这颗小行星会撞击地球大气层后，“海猫”系统将警报信息发送给欧洲近地天体协调中心，“侦察兵”系统将消息通报给美国国家航空航天局近地天体研究中心和行星防御协调办公室。

“侦察兵”系统预计小行星将于格林尼治时间 21 时 23 分陨落在挪威简梅耶岛西南方向 140 千米处的海洋中，随后超声波传感器观测数据也证实撞击时间和撞击地点。爆炸地点在海洋无人区，因此没有获得任何光学资料。

根据光学和超声波观测资料估计，这颗小行星直径约 2 米，撞击地球的能量相当于约 4 000 吨 TNT 炸药。

由于绝大部分能量通过解体爆炸在高空释放，这颗小行星没有对地球上的生命财产造成任何损失。最终这颗小行星被命名为 2022 EB5，这是人类第五次成功预警小行星闯入地球事件，也是欧洲第一次预警小行星闯入地球事件。

二、成功预警 2022 WJ1 撞击地球

当地时间 2022 年 11 月 19 日凌晨 4 时 27 分，美国和加拿大边境的安大略湖畔，大部分人还在沉沉的睡梦之中，一颗代号为 2022 WJ1 的近地小行星悄然而至，以极低的角度闯入大气层，拖着明亮的尾巴划过安大略湖区，在烧蚀和压力作用下，在大气层中解体爆炸。不少人在睡梦中被巨大的震动声惊醒，当地监控镜头记录了这颗小行星划过天空将黑夜照亮的场景。实际上，这是人类第六次提前预警到近地小行星撞击地球，这颗小行星在天文学家的密切监测下陨落在安大略湖畔。

撞击事件发生 3 小时前，位于美国亚利桑那州莱蒙山顶的卡特琳娜巡天系统正在开展对近地小行星的日常巡天观测。对同一片天区在不同时间拍摄的图片进行对比，扣除静止的恒星和背景噪声等干扰后，才可以找到处于“移动”状态的近地小行星。

当地时间 19 日 0 时 53 分，距离 2022 WJ1 小行星撞击地球约 3.5 小

时（格林尼治时间 11 月 19 日 4 时 53 分），卡特琳娜巡天系统 G96 望远镜第一次拍摄到这颗小行星，在 5 时 2 分、5 时 10 分、5 时 18 分又分别拍摄了 3 张图像。在对这 4 张图像处理后，卡特琳娜巡天系统观测员 David Rankin 发现了这颗有可能会冲向地球的小行星。由于之前有过 5 次成功发现地球“撞击者”的经验，值班人员敏锐地判断这可能是一颗将要撞击地球的小行星。卡特琳娜巡天系统随即终止了日常巡天程序，利用 G96 望远镜在 5 时 35 分时，每间隔 11 秒对这颗小行星连续拍摄 4 张图像，以提高对这颗小行星的轨道测量精度。新的数据确认了这颗小行星会以极大概率冲向地球，操作人员随即将 3 台望远镜全部对准小行星，进行精密跟踪观测，美国堪萨斯州的远点天文台、加州的沙斯塔山谷天文台也对该小行星进行了跟踪观测。

当地时间凌晨 2 时 12 分（格林尼治时间 6 时 12 分），距离小行星撞击约 2.2 小时，在 G96、703 和 I52 望远镜各自完成了 4 次观测后，卡特琳娜巡天系统确认了这颗近地小行星撞击地球的概率将达到 100%，也测量出来这颗小行星的绝对星等为 33.5，这意味着这颗小行星直径可能不足 1 米——这种大小的小行星会在大气层中烧掉，不会对地面造成任何威胁。这些数据被同步到国际小行星中心网站，美国国家航空航天局的“侦察兵”系统也对这些数据进行了分析。

当地时间凌晨 2 时 20 分（格林尼治时间 6 时 20 分），距离小行星撞击约 2 小时，卡特琳娜巡天系统的首席运营专家 Richard A. Kowalski 向小天体邮件列表群发了一则消息——卡特琳娜巡天系统发现了一颗看起来要撞击地球的小行星 C8FF042，呼吁全球观测者对该小行星进行观测，以获得尽可能多的数据。小天体邮件列表群聚集了来自全球不同地区的天文专家和天文爱好者。美国天文学家 Bill Gray 预测该小行星将于格林尼治时间 8 时 26 分 55 秒陨落在美国与加拿大边境的安大略湖畔布兰特福德上空。有人尝试进行了跟踪，发现这颗小行星移动太快了，望远镜无法跟上，但编号为 H36 和 T12 的望远镜还是成功地“逮”到了这颗小行星。有人开始在社交平台发布消息，呼吁还没有睡眠的“夜猫子们”对即将发生的小行星进入大气层引发的火流星场景进行观测。

当地时间凌晨 3 时 55 分（格林尼治时间 7 时 55 分），距离小行星撞击约 0.5 小时，位于冒纳凯阿火山顶、编号为 T12 的夏威夷大学 88 英寸望远镜捕获了这颗小行星的最后一幅图像，随后这颗小行星进入了地球的阴影之中，望远镜没有能够再次看到这颗小行星。但小行星闯入大气层后，在大气摩擦和烧蚀作用下，小行星的动能会转化为光能向外辐射，将形成明亮的火流星。由于这颗小行星进入大气层的角度仅有 10°左右，它将以接近水平的角度撞向地球，这意味着掠过的轨迹将非常长，安大略湖畔居民如果处于清醒状态，将能见证这颗拖着尾巴的小行星火球划过长长的轨迹后撞向地球。有人开始带着便携式拍摄设备来到户外，等待这颗小行星进入大气层。

当地时间凌晨 4 时 27 分（格林尼治时间 8 时 27 分），这颗小行星如约而至，它拖着长长的明亮的尾巴，自西南偏西向东北偏东划过。有人拍到了这颗小行星划过位于多伦多的加拿大国家电视塔的场景（图 4-38），可以看出这颗小行星像高速列车一样，接近水平地划过加拿大国家电视塔，在大气摩擦和烧蚀作用下，解体爆炸，一路洒落碎块。由于角度较低，这颗小行星经过了充分的大气减速，所以看起来小行星运行速度并不高，很可能有大量小碎块降落到地表。美国国家航空航天局对这颗小行星落点进行了分析，认为很可能在安大略湖畔寻找到小碎块，但大碎块可能落在了

图 4-38　2022 WJ1 从右向左划过加拿大国家电视塔

湖里。有人听到了小行星解体引发的巨大震动声，感觉就发生在附近；有人半夜醒来，听到厨房里盘子发出震动的声音。国际小行星中心在对数据进行处理后，为该小行星赋予临时编号 2022 WJ1，而此时小行星已经撞击了地球。

可以看出，卡特琳娜巡天系统在预警撞击地球的近地小行星方面独具优势。尽管在人工智能时代，望远镜数据处理逐渐向智能化方向发展，但卡特琳娜巡天系统一直有观测员值班，可以第一时间研判撞击情况，及时启动应急模式并对外公布信息。这也是卡特琳娜巡天系统在口径并不突出的条件下，连续多年获得近地小行星巡天发现冠军的重要原因。卡特琳娜巡天系统的成功经验对我国未来构建近地小行星监测预警系统也有借鉴意义。

揭秘：天文学家是如何发现近地小行星的？

在茫茫夜空中搜索小行星并不容易，这是一项需要一点运气的工作。因为这些暗弱的小行星可能来自全天空任何方向，而望远镜某个瞬间能看到的天区就像一束手电筒的光。天文学家不知道这些太阳系的“小不点”会在什么时候、从哪个方向飞过来。

天文学家只能把广袤的夜空划分成一个个小格子组成的天区，就像棋盘或者渔网一样，然后利用望远镜对这些“网孔”进行逐个扫描观测，就像利用“手电筒”逐一照亮“网孔”，得到一幅观测图像。图像里有很多恒星，有明亮的恒星，也会有暗弱的恒星，可能还会有行星、矮行星以及小行星和彗星。但此时天文学家并不能分辨出来哪些目标是小行星，因为在“手电筒”照亮的短短的几十秒内，这些目标几乎都是静止的。天文学家需要每间隔一段时间，比如 10 ～ 20 分钟，用“手电筒”再次逐一照亮这些“网孔”天区。

对同一片天区在不同时间拍摄的多张图片进行对比，扣除静止的恒星和背景噪声等干扰后，如果运气好，观测者才可以找到处于“移动”状态的近地小行星。如果足够幸运，赶在别的望远镜之前发现这颗小行星，观测者就可以拥有这颗小行星的命名权。

第五章

小行星防御

第一节　对付近地小行星的九种武器

如果小行星撞击地球，
我们该怎么办？

俗话说，“兵来将挡，水来土掩”。那如果小行星来了，人类能够怎么办？

人类有哪些对付小行星的招式？以人类现有科技水平，有能力化解小行星撞击威胁吗？是否有更巧妙的小行星防御方式？

针对近地小行星撞击威胁，世界各国科学家开展了大量研究，发展了九种代表性“招式”。

一、躲

如果小行星个头太小，导致的危害效应有限，危害造成的损失远小于实施在轨处置任务的成本，那我们可以躲到地下工事中，避开小行星的锋芒，躲过空爆引发的冲击波、热辐射和光辐射等危害效应。这一招，一般用于直径 10 米级近地小行星。

此外，如果小行星直径很大，但预警时间太短，比如：有些小行星从发现到撞击地球可能只有数天的时间，根本来不及实施在轨处置任务，这时候也可以采取“躲”的方式，疏散人员，转移财产，尽量减少损失。

图 5-1　地下工事

“躲”这一招，可以利用防空洞等成熟的地下工事（图 5-1），但要求我们能够对小行星的撞击时间和撞击区域进行准确预报。

二、炸

“炸”是利用核弹去摧毁小行星结构，或者在小行星附近引爆核武器，利用核爆产生的高能射线蒸发小行星表面物质，从而产生反推作用力偏转小行星轨道，后者也被称为“对峙核爆”（图 5-2）。

核武器具有能量密度极高的优点，因此核爆处置近地小行星效率极高，是在短期预警条件下处置大尺寸小行星的几乎唯一手段。核爆巨大的能量可以摧毁小行星的结构，但产生碎块的大小、质量，与小行星的物质组成、结构、核爆能量、引爆方式等因素相关，产生的小行星碎块可能还会继续撞向地球，有可能产生次生危害效应。相比直接摧毁小行星结构，利用对峙核爆偏转小行星轨道，可以降低小行星产生碎块的可能性，是一种更为可控的方式。

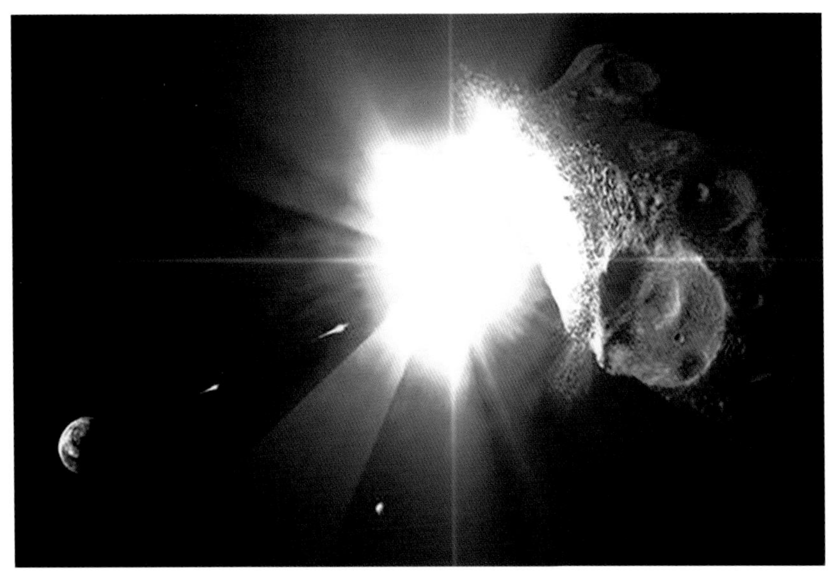

图 5-2　对峙核爆

在太空中使用核武器合法吗?

核爆虽然效率高，但采取核爆处置近地小行星面临国际法律和政治风险，在太空中使用和部署核武器应尽量避免。一旦在太空中打开核爆这个潘多拉魔盒，谁知道它会把人类带向何方。

三、撞

“撞”是利用人造航天器高速撞击小行星，瞬间改变小行星的速度，随着时间的推移，近地小行星的轨道会逐渐偏离撞击地球的轨道，从而消除撞击风险，这种方式又称为“动能撞击”（图 5-3）。

动能撞击被认为是目前最成熟、最可行的小行星防御技术。2005 年，美国实施了“深度撞击”任务，利用一颗约 370 千克的小卫星，以约 10.2 千米 / 秒的速度，高速撞击了直径约 6 千米的“坦普尔一号”彗星，对彗星轨道的速度改变量约为 0.1 微米 / 秒。2022 年 9 月 27 日，美国 DART

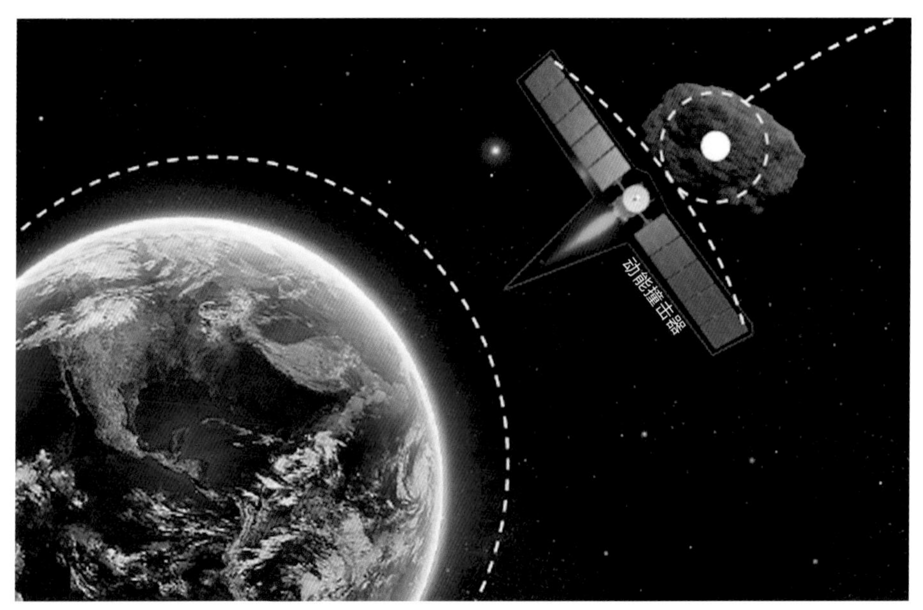

图 5-3 动能撞击

任务利用一颗约 570 千克的撞击器，以 6.3 千米 / 秒的速度撞击了“狄迪莫斯”双小行星系统中直径 160 米的子星，成功将双小行星系统的绕转周期缩短了 33 分钟，完成了人类首次动能撞击防御小行星的在轨试验。

考虑到小行星巨大的质量，动能撞击防御小行星技术本质上相当于“以卵击石”。因为航天器的重量往往只有吨级，而百米直径小行星的重量高达百万吨级甚至千万吨级。利用几吨的航天器去撞百万吨的小行星，犹如蚍蜉撼大树，对小行星的速度改变量一般只有毫米 / 秒量级，人类呼吸时空气的运动速度都比这快得多。要使用毫米 / 秒的速度改变量防御中大尺寸的小行星，需要十几年甚至更长的预警时间。要么就得用

知识链接

双小行星系统

太阳系中彼此围绕对方旋转的一对小行星，它们共同围绕太阳运行，彼此之间的关系近似于地球与月球。双小行星系统是太阳系中广泛存在的一种小行星构型，大约超过 10% 的近地小行星是双小行星构型。在双小行星系统中，一般个头较小的被称为子星，个头较大的被称为主星。

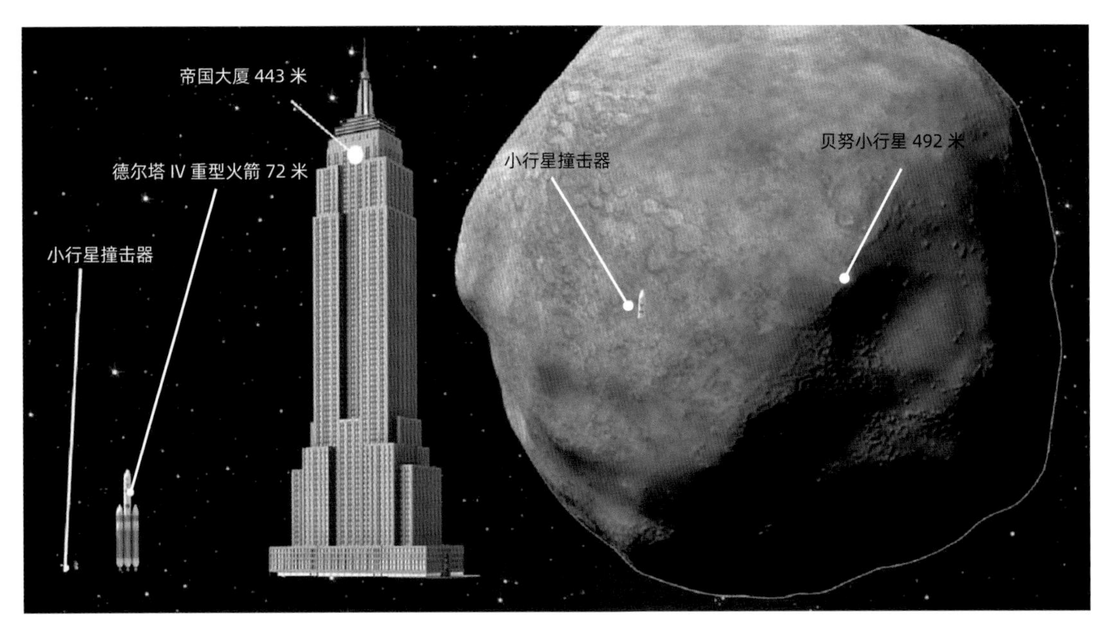

图 5-4　贝努小行星与帝国大厦、德尔塔IV重型火箭大小对比

几十枚运载火箭发射几十个撞击器去同时撞击小行星。

美国国家航空航天局在 2017 年做过研究，对于直径约 492 米的贝努小行星，如果要提前 10 年将这颗小行星偏转出地球轨道 9 000 千米（约 1.4 个地球半径）的距离，需要使用 75 枚德尔塔 IV 重型运载火箭发射 75 颗 8 吨的撞击器。

德尔塔 IV 重型火箭，是全世界现役运载能力第二的运载火箭，仅次于猎鹰重型火箭。德尔塔 IV 重型火箭的地球低轨道运载能力约为 28.8 吨，同步转移轨道运载能力约为 14 吨。

“长征五号”运载火箭运载能力稍逊于德尔塔 IV 重型火箭，地球低轨道运载能力为 23 吨，同步转移轨道运载能力为 13 吨。我们利用“长征五号”运载火箭进行了同样的计算，提前 10 年将贝努小行星轨道偏转 1.4 倍地球半径，需要 79 枚“长征五号”运载火箭发射 79 颗动能撞击器。

尽管动能撞击技术是人类目前最成熟可行的防御小行星的技术，但由于人类运载能力有限，防御中、大尺寸小行星往往需要几十枚运载火箭发射几十颗撞击器，而这会带来极大的工程实施成本和风险。

四、牵

“牵”是利用一个较重的航天器盘旋在小行星前方或者后方，通过小行星与航天器之间的万有引力缓慢牵引改变小行星轨道，这种方式也被称为“引力牵引”（图 5-5）。

核爆和动能撞击都是瞬时产生极大的外力作用在小行星上，引力牵引是一种通过微弱作用力持续作用在小行星上，从而缓慢地改变小行星的轨道。

由于万有引力与相对距离的平方成反比关系，这种方式往往要求航天器盘旋在距离小行星非常近的地方，比如一个小行星半径轨道高度处，对于直径 140 米的小行星，要求航天器维持在离小行星表面 70 米附近。小行星的不规则引力场将影响航天器的运动，对航天器导航制导和控制提出了较高挑战。

引力牵引改变中等尺寸和大尺寸小行星的轨道，往往需要 20 年以上的预警时间。此外，“牵”要求航天器与小行星保持几乎相同的位置和速度，

图 5-5　引力牵引

提出“引力牵引”防御方案的华裔宇航员卢杰

这对发射转移提出了非常高的要求，不适合大倾角等轨道转移代价较高的小行星。

美国国家航空航天局在2013年曾提出了“加强型引力牵引”任务概念，通过在小行星上捡取一块几十吨甚至百吨级的岩石，与航天器构成“加强型引力牵引”航天器，从而提升防御效果。根据分析，“加强型引力牵引”任务有可能将成功防御小行星所需的时间缩短为原来的1/10 ~ 1/50。

“加强型引力牵引”是一种巧妙但有挑战性的方案，值得研究、验证，但其仅适用于碎石堆结构的小行星。如果小行星为独石结构，这种防御方式并不适用，但在航天器任务抵达前，很难判断小行星是不是碎石堆结构。

五、拖

“拖”是利用航天器把小行星整体拖离原有轨道（图5-6）。10米直径的小行星重量差不多达到1 000吨，而50米直径的小行星重量可达

图5-6 拖

20 万吨。

显然，利用“拖”的方法，只能拖动小尺寸的小行星，对于中等尺寸和大尺寸的小行星，“拖”则无能为力。除此之外，“拖”小行星属于接触式处置方式，对小行星的表面物质特性和结构特性非常敏感，如何在微重力环境下有效附着小行星表面，如何在小行星旋转状态下实现有效控制推力方向，如何在附着状态下持续获得能源供给，都是极大的挑战。此外，如果需要对小行星实施消旋，技术挑战也非常大。

与“牵”类似，“拖”也要求航天器与小行星保持几乎相同的位置和速度，不适合大倾角等轨道转移代价较高的小行星。

美国小行星重定向计划

六、烧

“烧”是利用高能量激光烧蚀小行星表面物质，使得小行星表面物质升华（从固态变为气态），从而产生推力，缓慢改变小行星的轨道（图 5-7）。

图 5-7 激光烧蚀

激光是一种高能量密度的光，能够将能量聚集在非常小的物体上，从而将物质升华。激光烧蚀小行星需要的能源来自太阳能，利用小行星表面物质作为产生推力的工质，不需要从地球携带大量燃料。因此，激光烧蚀是一种具有潜在光明前景的小行星防御方式。

但激光烧蚀防御小行星产生的效果与激光器功率、能量集中度等密切相关，相关技术有待进一步发展。

“烧”也要求航天器与小行星保持几乎相同的位置和速度，不适合大倾角等轨道转移代价较高的小行星。

七、喷

“喷”是利用航天器的电推进系统产生高速离子流喷射在小行星表面上，从而改变小行星轨道，也叫“离子束偏移”（图 5-8）。

离子束偏移也是一种持续作用在轨处置的方法。但相比于“拖”的方

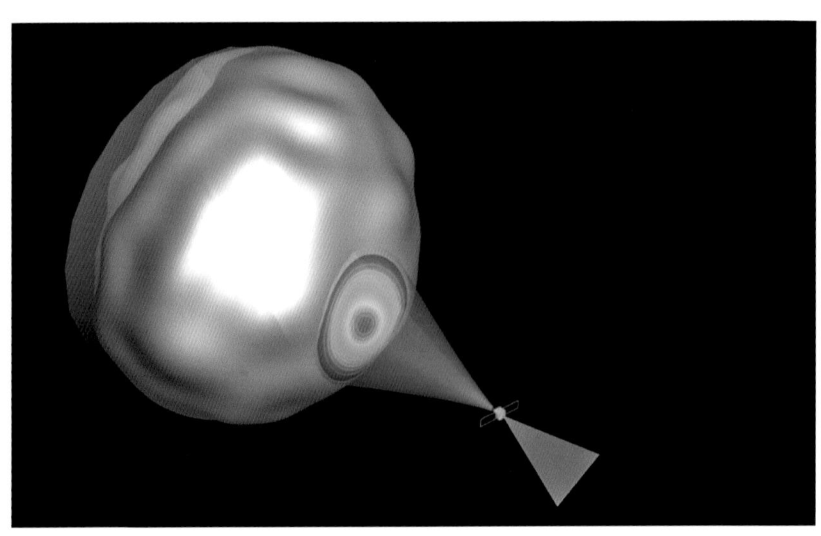

图 5-8　离子束偏移

法，离子束偏移属于非接触式处置方法，对小行星表面材质和形貌不敏感，在工程实施上更简单。同时，离子束偏移的核心技术是离子推进技术，已经在工程上经过了验证，具备较高的技术成熟度。

离子束偏移的缺点是需要在航天器两端同时开启离子推进器以保持与小行星的作用距离。由于航天器在喷气时会远离小行星，因此还要在航天器的另外一端开启推进系统，以保持航天器与小行星的距离，导致燃料利用率较低。

离子束偏移同样不适合大倾角等轨道转移代价较高的小行星。

八、涂

“涂”是在小行星表面涂上一层“漆”，改变小行星的反照率，进而改变小行星的热辐射性质，通过雅科夫斯基效应改变小行星轨道。

小行星在吸收太阳光后，会向外辐射热量，一般当地时间午后的温度最高，红外辐射压达到峰值。由于小行星处于自转过程中，红外辐射压存在沿轨道速度方向的力，因此会改变小行星的轨道，这种由于

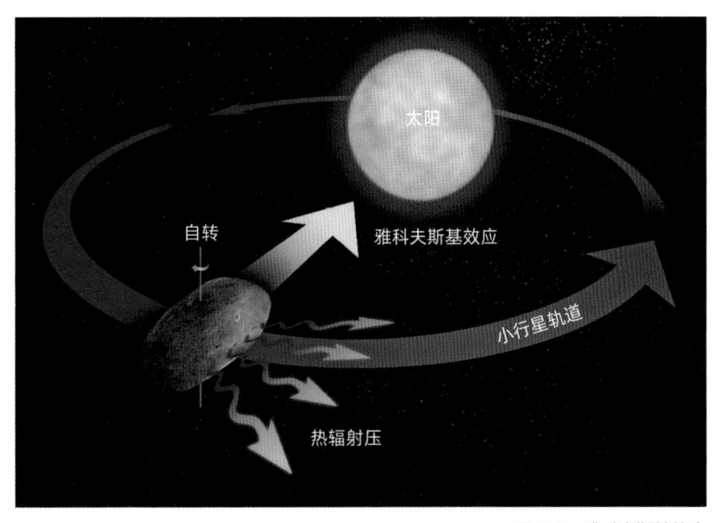

图 5-9 雅科夫斯基效应

红外辐射压引起的轨道改变称为雅科夫斯基效应。

通过“涂”的方式改变小行星轨道同样需要较长的作用时间，并且不适合大倾角等轨道转移代价较高的小行星。

九、抛

“抛”是利用机械装置在小行星表面挖掘物质（图 5-10），然后通过电磁弹射机构将挖掘的物质高速抛射出去，从而改变小行星的轨道，也被称为质量驱动。

图 5-10 抛——在小行星表面挖掘物质

“抛”属于接触式处置方法，涉及小行星表面施工作用，并且需要电磁弹射机构，对能源开销较大。该技术非常复杂，技术成熟度较低，对小行星表面材质也非常敏感，也不适合等轨道转移代价较高的小行星。

以上就是人类应对小行星防御的手段，尽管看上去很多，但真正成熟、可行、有效的可能只有动能撞击技术。即使是动能撞击技术，对付百米级以上的小行星，也是以卵击石，需要 10 年甚至更长的预警时间。所以，人类的生存，在地球上是非常脆弱的。

2021 年，在第七届全球行星防御大会上，科学家模拟了一个场景，一个百米级的小行星在 6 个月后要撞击地球。所有可能有效的手段，只有核爆，但人类已经没有足够的时间去建造和发射航天器，最后只能让它撞击地球。

人类还有没有更巧妙的办法呢？

第二节　“脑洞大开”的新招式

传统动能撞击防御小行星之所以是“以卵击石”，主要原因在于受运载火箭能力限制，发射到深空轨道的人造撞击器重量只能做到吨级，相比直径百米级小行星重量差 6 个数量级。提升撞击器的重量是提升动能撞击效果的关键。人类能否把撞击器的重量从几吨提升到几十吨甚至百吨呢？

一、以石击石

2013 年美国国家航空航天局提出了一个名为“小行星重定向任务”的计划，目标是利用航天器捕获一颗 500 ～ 1 000 吨的岩石，然后拖到月球轨道附近，再安排宇航员驾驶飞船去登陆，用来验证载人登陆小行星的技术。奥巴马政府对这项计划资助了近 8 000 万美金用于方案论证和关键技术攻关，对如何寻找小行星以及抓捕小行星、带回月球都做了详细的研究。

这个计划大胆，但又没有脱离工程实际。它依赖的导航、控制、推进、能源等工程技术都是人类通过努力就可以实现的，如果能够实现，这将是人类有史以来第一次捕获一颗小行星。很遗憾，2018 年特朗普政府取消了这个计划。

既然可以捕获一块 500 ～ 1 000 吨的岩石并且拖到地月空间，那我们能不能捕获一块岩石来防御威胁地球安全的近地小行星？这样就可以把撞击器重量做到百吨级，从而极大地提升小行星防御效果。这就是我们提出的“以石击石”方案（图 5-11）。

图 5-11　以石击石

以提前10年防御直径约340米的阿波菲斯小行星为例。计算发现，如果用“长征五号”发射传统动能撞击器，10年仅能将阿波菲斯小行星轨道偏转176千米。如果我们捕获一颗200吨的岩石去撞击阿波菲斯小行星，10年能够将阿波菲斯小行星轨道偏转超过1 800千米（图5-12）。也就是说，“以石击石”可以将防御效果提升一个数量级。这将极大地提升人类面对防御百米级近地小行星的能力。

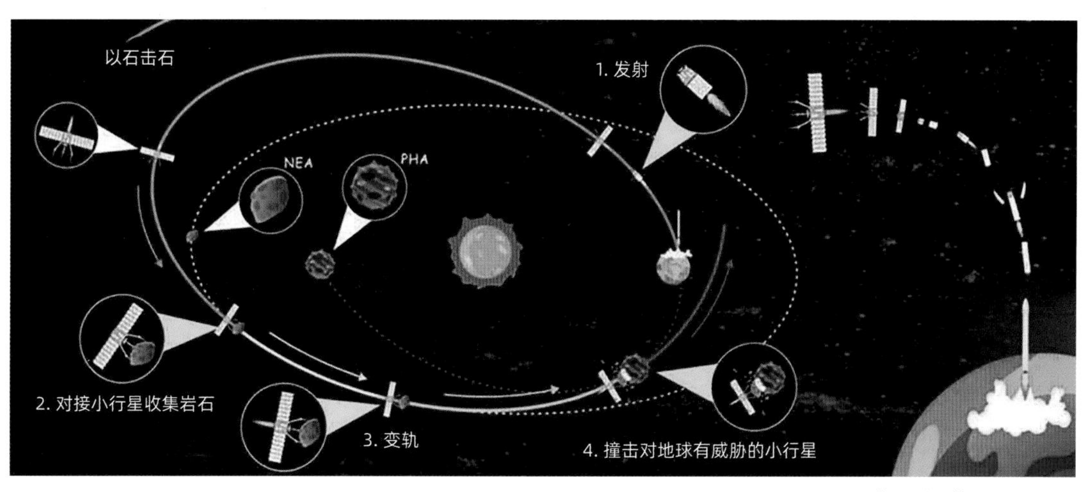

图5-12 “以石击石”任务飞行流程

如果经典动能撞击是西方直接硬碰硬的“拳击”较量，“以石击石”则像东方的“太极”功夫，通过迂回腾挪，找到“借力打力”的发力点，以“四两拨千斤”的方式，借助小行星的力量防御小行星（图5-13），从而高效

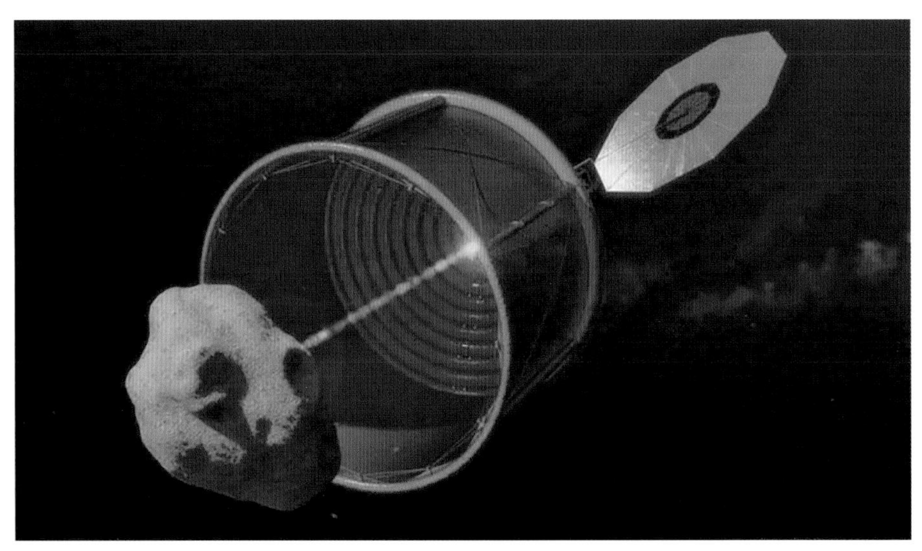

图 5-13 捕获岩石

偏转近地小行星的轨道，实现撞击器质量和防御效果的数量级提升。

对“以石击石”而言，存在两个难题：一是“石”从何处来，二是如何借力打力。

1. “石”从何处来

捕获太空岩石的基本途径有两种：整体捕获小尺寸的米级小行星或从碎石堆小行星上采集岩石。

根据近地小行星的群体分布模型，直径越小的小行星，数量越多。理论上，直径 10 米以下的近地小行星的数量超过 1 亿。由于观测能力限制，直径 10 米级的小行星，目前仅发现了约 1 000 颗。随着大型综合巡天望远镜等新一代天文望远镜的启用，预计小尺寸小行星的发现数量会快速提升，为挑选合适的岩石提供了充足的选择。

航天器抵近米级小行星后，将自身旋转速度调整为与小行星相同的旋转速度，利用口袋式装置捕获小行星，然后利用航天器的推进系统对组合体进行消旋。

此外，现有资料表明，小行星多为疏松多孔的碎石堆结构。日本“隼鸟一号”探测的糸川小行星，“隼鸟二号”探测的龙宫小行星，美国“OSIRIS-REx”探测的贝努小行星，都是碎石堆小行星，其表面遍布着大大小小的石块（图 5-14）。

图 5-14 碎石堆小行星

可以利用机械臂从碎石堆小行星上采集岩石（图 5-15）。考虑到大尺寸小行星的轨道确定精度更高，因此从碎石堆小行星上采集岩石将是更为稳妥的方案。

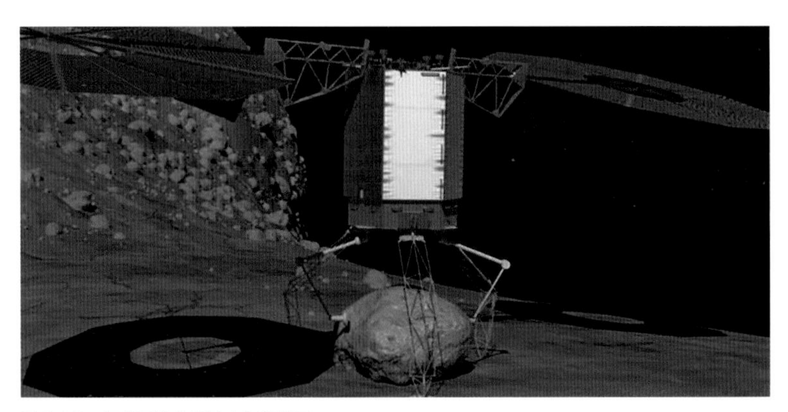

图 5-15　在碎石堆小行星上采集岩石

2. 如何借力打力

太阳系中存在上亿颗近地小行星，目前正以每年约 3 000 颗的速度发现新的近地小行星。近地小行星可能会撞击地球，小行星之间也可能会发生相互碰撞，也可能会有小行星撞击近地小行星。事实上，小行星之间的碰撞是新小行星群体的一个重要来源。

如果有一颗大尺寸近地小行星将要撞击地球，我们需要提前找到那颗与它“擦肩而过”的岩石。即使不变轨，在自然条件下，岩石与近地小行星的距离就比较接近，比如小于 1 500 万千米甚至 150 万千米，这样才能顺势“借力打力”，而不是强行改变岩石的轨道。

由于岩石自然的轨迹与近地小行星“擦肩而过”，在微重力环境下我们能够以“四两拨千斤”的方式，利用航天器的推进系统轻微改变它的轨迹，使其从与近地小行星“擦肩而过”偏转到准确击中近地小行星，从而利用太空岩石的重量显著偏转近地小行星的轨道。

二、末级击石

“以石击石”在技术上是非常复杂的。有没有技术上更加成熟可行的方案呢？

我们注意到，我们国家新一代运载火箭——“长征五号”，体型非常庞大，被网友戏称为“胖五”。“胖五”不仅助推级火箭大、一级火箭大，而且末级火箭也大，其末级火箭重量高达 6.5 吨。“胖五”的末级能否用来防御小行星呢？

在传统的发射活动中，卫星进入预定轨道后，一般会实施星箭分离，因为火箭末级对卫星不再有用。但对于动能撞击任务，我们能否星箭不分离地让航天器操控火箭末级去撞击小行星？如果答案是肯定的，那么这样就能够把“胖五”末级 6.5 吨的重量有效利用上了，从而实现更显著的撞击效果。

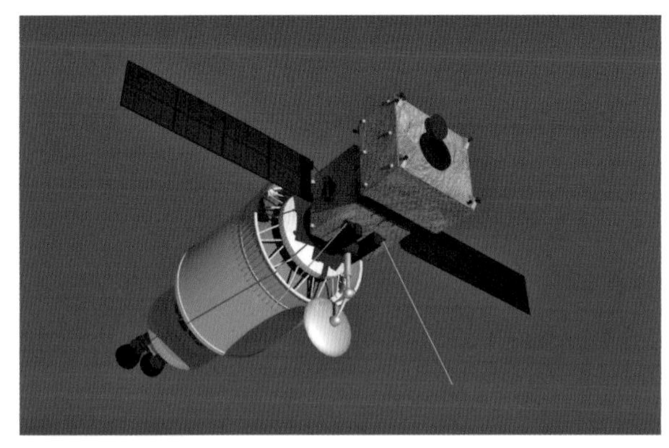
图 5-16 “末级击石”航天器

通过计算发现，如果利用航天器携带火箭末级去撞击小行星，1 枚“长征五号”能够起到 3 枚“长征五号”发射传统撞击器的防御效果。我们把这种加强型动能撞击方案叫作“末级击石”（图 5-17）。

同样以提前 10 年将贝努小行星

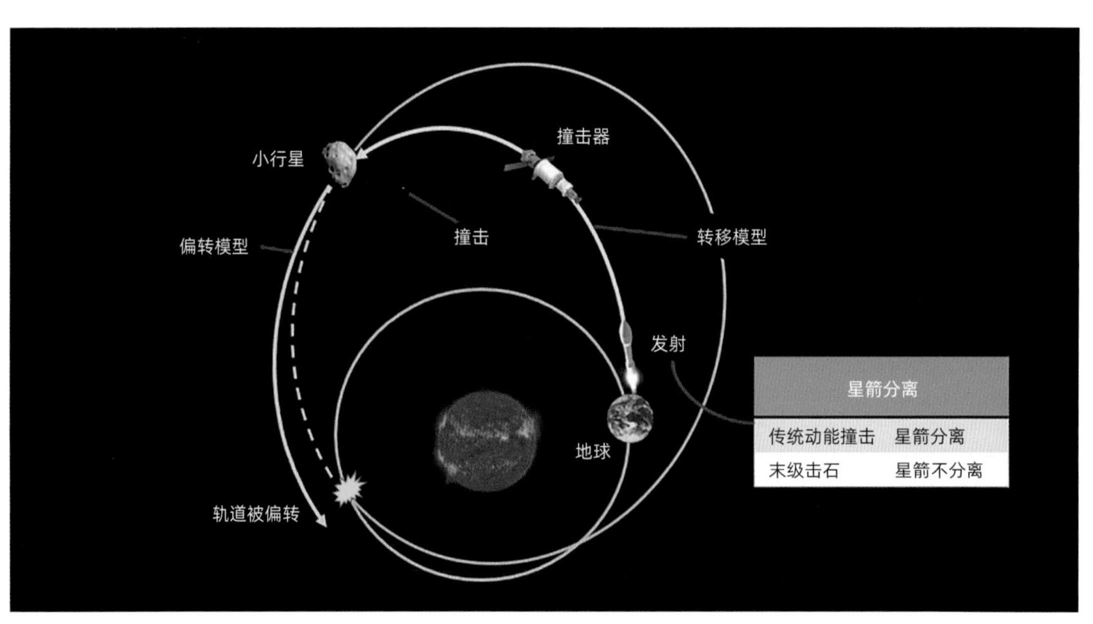

图 5-17 末级击石

偏转 1.4 个地球半径为例开展了计算，我们惊喜地发现，发射数量从 79 枚“长征五号”减少到了 23 枚“长征五号”。

从 79 枚缩减到 23 枚无疑极大地节省了防御近地小行星的工程成本和操作复杂性。考虑到实现同样的轨道偏转效果，美国国家航空航天局的方案中使用了 75 枚德尔塔 IV 重型火箭，充分说明了“末级击石”的效率。

但前面忽略了一个重要因素：动量传递因子。撞击器高速撞击小行星，会产生大量溅射物喷射出去，进一步改变小行星的动量（图 5-18）。动量传递因子 β 用于描述考虑溅射效应后撞击器对小行星的动量改变效应。

图 5-18 溅射物会增强撞击效应

如果动量传递因子等于 2，相当于溅射物的动量增强效应等效于撞击器的动量。

动量传递因子取决于撞击器动能、撞击器尺寸、小行星材质、孔隙率、内聚强度等因素，精确建模非常困难。实际上，美国国家航空航天局“双小行星重定向任务”的科学目标之一就是测量撞击形成的动量传递因子。

假定动量传递因子为 2.5，提前 10 年将贝努小行星偏转 1.4 倍地球半径需要的“长征五号”运载火箭数量将进一步降低到 9 枚，这样使得 10 年时间，采用非核手段处置直径约 500 米的小行星，似乎又变得有些希望。

那单发“末级击石”的能力如何呢？

直径 140 米的小行星足以摧毁一个中小型国家，国际天文学联合会将 140 米作为潜在威胁小行星的直径界限。如果我们把贝努小行星的直径缩减到 140 米，可以惊奇地发现：即使不考虑动量传递因子，我们也可以利用单枚“长征五号”，将直径 140 米的小行星偏转距离从不足地球半径提升到超过地球半径。而这是传统动能撞击做不到的！也就是说，“末级击石”极大地提升了对直径 140 米级小行星的应对能力，降低了对预警时间的要求。

“末级击石”概念被评价为“是一个有趣、简单、新颖的想法”“是一个非常不错的概念”。

“以石击石”和“末级击石”显著增强了在 10 年预警时间条件下，对直径百米级小行星的防御效果，但这不是终点。如果小行星直径更大，预警时间更短，怎么办？人类还需要想出更巧妙、更适合的办法，然后去完善方案，在地面和太空演习，通过实践来检验我们的技术、能力和流程，为未来的不测做好准备。

一项空间任务，从概念提出到可行性论证再到工程实施，需要经历一个漫长的过程。大量曾经让人眼前一亮的任务概念，一直停留在纸面上，未能完成从概念到工程的转变。

1958 年，31 岁的尤金·帕克提出“太阳风”概念的时候，还是一个名不见经传的新人，“太阳风”甚至被认为是荒诞不经的理论。60 年后，2018 年，91 岁的尤金·帕克目送“帕克”探测器飞向太阳，实现了人类第一次抵近太阳开展日冕的原位探测（图 5-19）。太阳风作为深刻影响太空物理科学的概念，已经被广泛接受。

图 5-19 “帕克”探测器飞向太阳

“以石击石”和“末级击石”提供了短时间内应对中大尺寸小行星的可能的“非核”手段，也存在大量关键技术有待突破，但我们有足够的理由保持信心。

无论是“以石击石”还是“末级击石”，都远远称不上完美，甚至还存在种种问题，但这两种方案一定程度上代表了中国学者向行星防御领域发起冲击的努力。

展望未来，中国人一定能够为保护地球家园、构建人类命运共同体贡献更多中国方案、中国智慧和中国力量。

第三节 他山之石——“双小行星重定向测试”

北京时间 2022 年 9 月 27 日早上 7 点 14 分，美国 DART 任务（图 5-20）在距离地球约 1 100 万千米处，以约 6.3 千米 / 秒的速度成功击中“狄迪莫斯（Didymos）”双小行星系统中的子星“狄莫弗斯

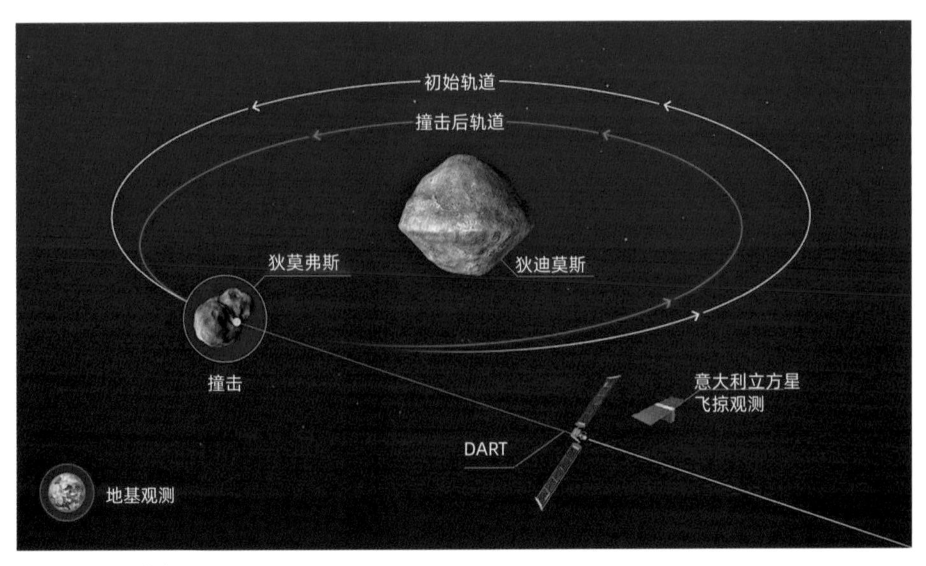

图 5-20 DART 任务

（Dimorphos）”，标志着人类第一次行星防御任务完成了最关键、难度最高的撞击动作。

一、首次开展小行星防御在轨试验，开启人类行星防御时代

DART 任务是人类第一个行星防御在轨验证任务，标志着人类开启了行星防御时代，意义重大。DART 任务由美国行星防御协调办公室（PDCO）立项支持，约翰霍普金斯大学应用物理（APL）实验室负责研制，于北京时间 2021 年 12 月 24 日搭乘“猎鹰 9 号”运载火箭从范登堡空军基地发射。DART 任务目标是通过在深空环境中实施动能撞击防御小行星试验，验证动能撞击防御小行星的技术，并通过评估撞击后小行星轨道偏转效果掌握小行星的轨道偏转规律，为未来应对近地小行星撞击风险任务设计提供依据。

二、选择双小行星系统为试验对象，巧妙评估撞击效果

DART 任务设计最大的挑战之一就是如何准确评估撞击后小行星的轨道偏转效果。小行星主要由岩石和金属等材料构成，一般直径百米级的近地小行星的重量可达百万吨甚至千万吨，而人造撞击器的重量仅有数百千克至数吨，两者重量差 6 ～ 7 个数量级，尽管撞击速度可以接近 10 千米 / 秒，

但撞击后对小行星的轨道速度改变量可能不足 1 毫米 / 秒。以人类现有的天文观测能力，难以在数千万千米之外的超远距离分辨出毫米 / 秒的轨道速度改变量。因此，如何准确评估撞击后近地小行星的轨道偏转效果进而认识小行星的轨道偏转规律，是动能撞击试验的关键难题。

DART 任务通过选择试验对象——“狄迪莫斯”双小行星系统，巧妙地解决了撞击偏转效果评估难题。毫米 / 秒量级的撞击速度改变量虽然不能显著改变小行星环绕太阳运行的轨道，但足以改变子星相对主星的绕转轨道，并导致子星相对主星的绕转周期改变。而子星相对主星的周期性运动会改变其反射的太阳光通量，利用望远镜对双小行星系统开展持续观测，就可以测量双小行星系统亮度的周期性变化，进而精确评估出撞击后双小行星系统的周期变化量。

DART 任务选择的“狄迪莫斯”双小行星系统包括两颗小行星，主星“狄迪莫斯”直径约 780 米，子星“狄莫弗斯”直径约 160 米，两者距离约 1.2 千米，共同运行在环绕太阳运行的轨道上。子星“狄莫弗斯”（图 5-21）像一台钟表一样，约每 11.9 小时环绕直径约 780 米的主星“狄迪莫斯”运行 1 圈。DART 任务通过“迎头撞击”子星改变子星相对主星的绕转轨道，预期使其绕转周期缩短约 10 分钟，但实际上撞击效果显著超出了预期，最终使其绕转周期缩短了约 33 分钟。通过地面望远镜可以精确评估出撞

图 5-21　“狄莫弗斯”小行星（左）和撞击前图片（右）

击导致的子星相对主星的绕转周期变化，进而准确评估撞击效果。

三、调动全球力量开展监测评估，显示美国强大科技实力

在北京时间 2022 年 9 月 27 日撞击前后，美国国家航空航天局调动了大量地面和太空望远镜对撞击过程进行了持续观测、监测，并通过网络对撞击过程进行了全球直播，取得了举世瞩目的效果。

詹姆斯·韦布、哈勃等太空望远镜，露西小行星探测器和金石雷达、

小行星撞击末端告警系统、甚大望远镜等全球 30 余台地面望远镜对撞击过程进行了持续监测，这也是美国新发射的詹姆斯•韦布太空望远镜和服役 30 余年的哈勃空间望远镜首次联袂观测。调动的地面望远镜广泛分布在美洲、欧洲、亚洲、非洲和南极洲，口径 0.3 ~ 8.4 米，观测波段包括可见光、红外、雷达等。DART 任务搭载的意大利立方星也在撞击现场附近获取了撞击溅射物的照片。此外，还有大量地面望远镜自发参加了对本次撞击试验的监测。

望远镜获取的大量宝贵的视频和图像资料表明，DART 撞击器成功击中了目标，撞击试验产生了大量高速溅射物，双小行星系统的亮度瞬间增加 10 倍以上，在撞击后小行星形成了一条类似彗星“彗尾”的长达上万千米的溅射物“尾巴”，表明撞击试验取得了极大成功，产生了较好的试验效果。

2023 年，DART 任务团队关于试验结果的文章，表明撞击将双小行星系统的绕转周期缩短了 33 分钟，大大超出了试验前预期的 10 分钟；科学家估计超过 1 000 吨物质被从小行星上撞了出来，撞击产生的溅射物，极大地增强了撞击效应（图 5-22），动量传递因子为 3.6（假定双小行星系统密度相同）。这意味着溅射物带来的动量增强效应在之前被严重低估，也意味着我们能够更加有效地防御小行星。

此外，欧洲计划于2024年10月发射赫拉航天器，2026年12月进入“狄迪莫斯”双小行星系统轨道，届时将对双小行星系统的目标小行星及撞击坑进行详查，以更准确地评估撞击效果。需要说明的是，原计划欧洲空间局任务提前于DART任务抵达小行星，但由于经费等原因，赫拉小行星防御任务推迟发射，未能现场监测撞击效果，也在一定程度上影响了DART任务的科学产出。

这次撞击试验充分检验了美国调动全球力量对空间热点事件进行跟踪监视的机制与流程，验证了对数千万千米之外超远距离小行星的跟踪监视

图5-22 撞击前（左）和撞击后（右）图像

能力，显示出美国强大的科技实力。

四、开展大量新技术试验，牵引未来技术发展

DART 任务是美国国家航空航天局的一次小型任务，撞击器发射重量约为 610 千克，总投资约 3.9 亿美元，其中发射费用约 0.7 亿美元。除了开展行星防御试验，突破了超远程高速撞击制导控制、非合作目标高精度自主导航、暗弱小天体探测识别等关键技术，美国还在这次任务中开展了先进离子推进、卷轴式太阳能帆板等大量新技术试验，具有极强的技术牵引和带动性，将推动深空探测、太空安全等领域的可持续发展。

DART 任务首次开展了新一代离子推进系统（NEXT-C）在轨试验（图 5-23）。离子推进系统具有极高的效率，相比传统化学推进高出一个数量级，被认为是深空探测领域最有前途的推进方式之一。相比在“黎

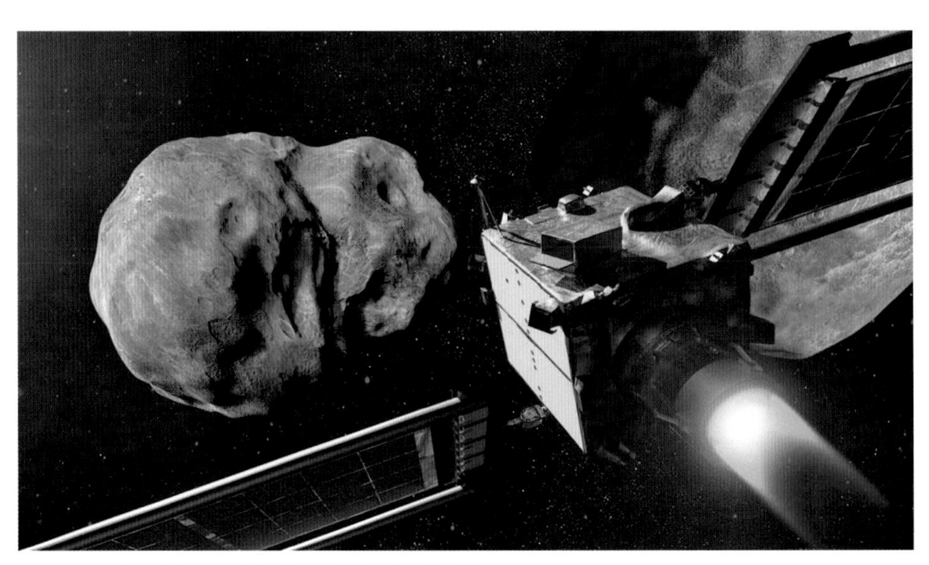

图 5-23　DART 任务开展了新一代离子推进系统在轨试验

明号”任务中验证过的离子推进系统，新一代离子推进系统能力强大 3 倍以上。

DART 任务首次在深空环境中开展了柔性卷轴式太阳能帆板试验。柔性卷轴式太阳能帆板在发射时呈折叠状态，紧凑地放在火箭整流罩内，发射后在轨道上像一幅山水画一样缓慢地展开，单幅帆板长度达 8.5 米，卫星翼展 19 米，可为电推进系统提供充足的能源。这项技术验证成功将提升深空小卫星的能源供应能力，极大地提升小卫星探索深空的能力。

此外，DART 任务还验证了聚光太阳能电池阵列，相比传统太阳能电池阵列效率提升了 3 倍，未来或可使得木星等外太阳系行星探测不再需要核电源供电，从而降低任务成本；验证了新型低成本、高增益天线技术，使得深空任务不必再“背”庞大的通信“锅”。

五、双小行星重定向测试撞击成功，人类并非可以高枕无忧

DART 任务成功实施动能撞击小行星试验，开启了人类行星防御万里征程的第一步，也被《Science》多家权威科技媒体评为 2022 年全球十大科学突破之一。但并非 DART 任务试验成功，人类就可以高枕无忧了。

首先，DART 任务还是人类精心设计的一次针对已知目标的试验。科学家对“狄迪莫斯”双小行星系统此前已经开展了多年观测，其轨道、大小、

自转等人类已经基本掌握。行星防御真正的场景很可能面对的是一颗新发现的小行星，在不久后将撞击地球。在这种场景下，人类很可能对小行星的轨道等特性并不完全确知，能否防御成功是未知数。

其次，DART 任务撞击对象直径为 160 米，主星直径 780 米，对于更小尺寸小行星能否撞击成功尚需要验证。小行星直径越小，其亮度越暗，撞击难度也越高。大量直径 20 ～ 50 米级近地小行星，其撞击地球的风险更大，能否成功撞击还需要进一步验证。

再次，DART 任务并没有直接改变小行星相对地球的位置关系，而实际行星防御场景需要偏转小行星相对地球的轨道，让小行星距离地球更远。DART 任务采用的是偏转子星相对主星绕转轨道的间接方式，撞击几何、轨道几何、偏转轨道等与真实防御场景仍然有较大差别。

最后，以人类目前的科技水平，在 10 年以及更短的预警时间内，动能撞击技术仅能有效偏转直径几十米级近地小行星的轨道，对直径百米级近地小行星，动能撞击技术仍然难以有效偏转其轨道。人类仍然需要创新发展新型防御手段，对持续牵引等防御手段进行综合验证。

揭秘：6 千米／秒撞击速度是靠撞击器加速实现的吗？

尽管 DART 撞击器携带了先进离子推进系统，能够提供很高的速度增量，但超过6千米/秒的撞击速度并不是靠撞击器加速实现的。

DART撞击器携带了美国国家航空航天局格伦研究中心开发的新一代离子推进系统，主要用于试验、探索未来小卫星携带离子推进、开展深空探索的可行性，并未作为主推进系统使用，在撞击末制导阶段使用的还是传统的化学推进。

6千米/秒的相对速度主要依靠轨道设计实现。“狄迪莫斯”小行星在一条椭圆轨道上绕太阳运行，近日点在地球轨道附近，远日点在火星轨道外侧（图5-24）。小行星在从远日点向近日点奔袭的过程中，势能会不断转化为动

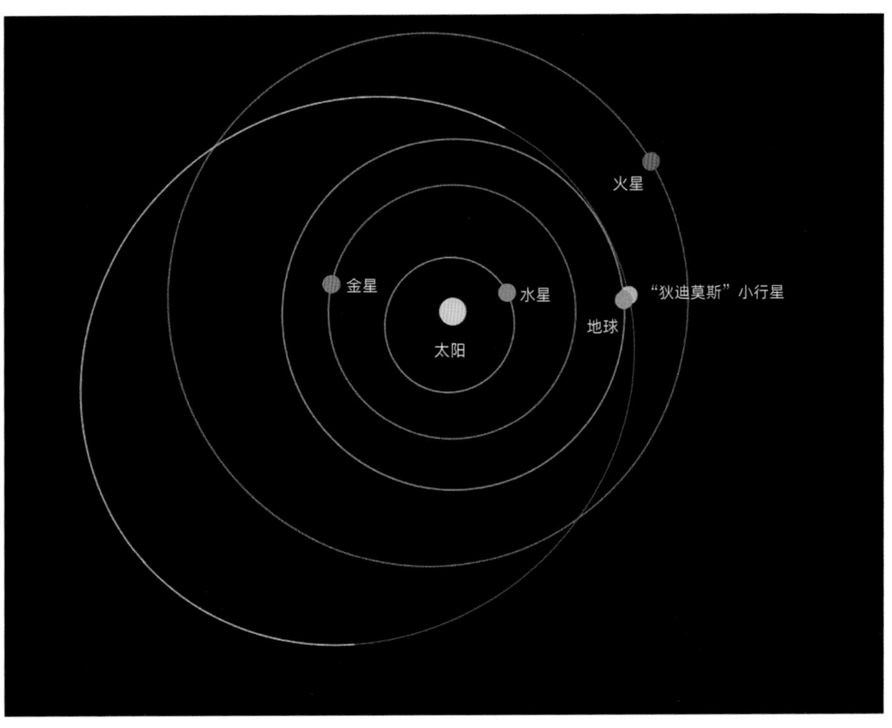

图5-24 “狄迪莫斯”小行星轨道

能，因此小行星在近日点的速度将达到最大。由于“狄迪莫斯”的轨道能量大于地球轨道能量，当“狄迪莫斯”小行星运行至地球轨道附近时，其轨道速度要比地球轨道速度大。因此，通过轨道设计将撞击点选择为“狄迪莫斯”小行星的近日点，就可以保证小行星的速度相比地球速度更大，从而使得从地球出发的撞击器无须推进系统额外加速，就可以形成超过 6 千米 / 秒的相对速度。

第六章

小行星防御，中国来了！

第一节 中国为什么要搞小行星防御?

从事小行星防御研究之初，经常遇到一些质疑，典型的问题包括:

◎担心小行星撞击是不是“杞人忧天”?

◎小尺寸小行星没必要防御，大尺寸小行星又防御不了，我们是否应该“躺平”?

◎中国为什么要搞小行星防御?

这些问题回答起来并不容易。其本质问题是：我们应该建立什么样的小行星防御观。

一、担心小行星撞击是不是“杞人忧天”?

中国是世界上最早记录陨石降落的国家，降落的地方在河南省商丘市。商丘是古代商部落的发源地，是春秋时宋国的都城。《春秋》记载：“（鲁僖公）十有六年春，王正月戊申朔，陨石于宋五。”也就是说，公元前644年有5颗陨石掉落在宋国。

与之同一时期还有另外一个妇孺皆知的故事——杞人忧天，发生在河南省杞县。《列子》记载：“杞国有人忧天地崩坠，身亡所寄，废寝食者。”就是说有个杞国人整天担心天会塌下来，没有地方住，然后吃不下饭，睡不着觉。

好好的，杞人为什么会担心天会塌下来？可能是他看到了小行星进入大气层空爆的场景，并且内心受到了极大的震撼和刺激。

袭击俄罗斯车里雅宾斯克地区的小行星，在离地球 30 千米的高空解体，形成了明亮的耀眼火球。这个火球最亮时相当于 30 个太阳，它的爆炸当量大约是 30 颗广岛原子弹，所以理论上很多人能在地面上看到它。

而杞国距离宋国直线距离不超过 100 千米，所以如果两个事件发生在同一时期，理论上杞人完全有可能看到发生在宋国的火流星事件——当然他没看到的可能性更大。

实际上，小行星撞击地球远比我们想象的更加频繁。2017 年、2018 年、2019 年、2020 年、2021 年、2022 年、2023 年，每年至少发生了 1 次小行星撞击中国境内的事件，引发了很多人的关注。那么，杞人生活的年代应该也能看到类似这样天降“火球”的事件。作为一个对天

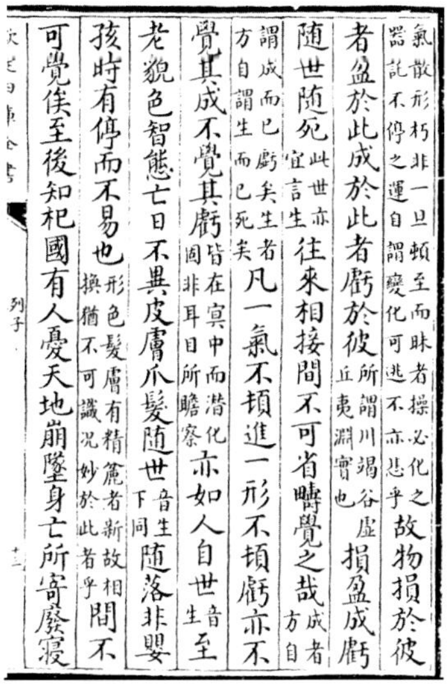
氣散形朽非一旦頓至而昧者操必化之器託不停之運自謂變化可逃不亦悲乎故物損於彼者盈於此成於此者虧於彼所謂川竭谷虛丘夷淵實也損盈成虧隨世隨死此世亦宜言生往來相接間不可省疇覺之哉成者方自謂成而已虧矣生者方自謂生而已死矣凡一氣不頓進一形不頓虧亦不覺其成不覺其虧皆在冥中而潛化固非耳目所瞻察亦如人自世生音至老貌色智態亡日不異皮膚爪髮隨世音生隨落非嬰孩時有停而不易也形色髮膚有精麄者新故相換猶不可識況妙於此者乎間不可覺俟至後知杞國有人憂天地崩墜身亡所寄廢寢

图 6-1 “杞人忧天”的记载

象不太了解的人，自然而然就会引发对未来宇宙安全环境的一些忧思，所以他的担心是非常正常的，我们不应该嘲笑他。

从今天来看，杞人忧天其实是居安思危。杞人对火流星空爆危害的认识可能比很多现代人都深刻，因为很多人至今都认为小尺寸小行星在大气层中空爆，不会对人类造成影响。

俄罗斯车里雅宾斯克事件中，肇事的小行星有多大？直径只有 18 米。像这样的小行星在地球周围有几百万颗，我们只发现了 0.3%，还有 99.7% 没有发现，不知道它们在哪里。

吉林陨石雨事件

小尺寸小行星一般不会到达地面，但个别的小行星也可以通过“打水漂”的方式到达。当它在大气层中空爆，巨大的动能就转化成冲击波，导致地面上大范围的人员受伤。比如：2013 年俄罗斯车里雅宾斯克事件导致了接近 1 500 人受伤，3 000 栋房屋受损——这是发生在人口稀疏的俄罗斯，如果发生在北京、上海这种人口密集的地区，大家能想象到后果吗？

揭秘：第一个有记载被陨石击中的人

1954 年 11 月 30 日下午，美国妇女安•霍奇斯正在午睡，突然之间，屋顶传来一声巨响，一个黑色的东西从天而降，接连打翻架子上的物品，被收音机改变了一下方向后，砸到了霍奇斯的身上。霍奇斯瞬间就晕了过去。很快，邻居赶了过来，一开门就看见了天花板上的大洞、散落一地的物品，以及受了伤的霍奇斯。还好，霍奇斯伤得并不重，全身上下只有腰部左侧留下了一大片瘀伤，这已经是不幸中的万幸了。后来，人们将这块陨石命名为霍奇斯陨石（图 6-2）。

2020 年，美国和土耳其科学家查阅了现存于土耳其的 3 份用奥斯曼土耳其语撰写的文件时发现，这些文件都记录了同一个悲惨事件：1888 年 8 月 22 日，陨石在伊拉克苏莱曼尼亚杀死一名男子，并使另一人瘫痪。这是迄今科学家发现有人被陨石杀死的首个确凿文献证据。

图 6-2 霍奇斯陨石

揭秘：车里雅宾斯克陨石是被外星人击碎的吗？

网络上有很多传闻，说车里雅宾斯克陨石在撞击地球前，被不明飞行物击中，然后小行星解体爆炸，可能是外星人挽救了人类。那真相是怎么回事呢？

小行星高速进入大气层，受到重力和大气阻力的作用。重力使得小行星加速，而大气会降低小行星的速度。随着高度的降低，大气密度呈现指数级增加，大气压力也随之增加。当大气压强超过小行星能够承受的极限时，小行星的结构就会瞬间解体，解体后的小行星与空气接触面积急剧增加，烧蚀作用瞬间加剧，形成极其明亮的爆炸火球，这在科学上被称为空爆。碳质小行星强度较低，解体高度较高；金属质小行星强度较高，解体高度较低；而岩石质小行星的解体高度居于二者之间。车里雅宾斯克陨石的母体是一颗岩石质小行星，在离地大约30千米的高空解体。

至于车里雅宾斯克陨石在解体之前遇到“不明飞行物（UFO）”，可能是相机的探测器噪点或者缺陷导致的。相机的探测器并不均匀，导致成像过程中经

图 6-3 车里雅宾斯克事件

常有一些噪点，特别是拍摄火流星这种很亮的快速移动物体时，噪点会更加严重。其实，如果你仔细观察，会发现2020年青海玉树事件中，同样有一个不明飞行物在火球前“领航”。迄今为止，所有不明飞行物都可以用科学知识解释，并没有发现外星人的不明飞行物。

二、人类为什么要做小行星防御？

我们今天生活在地球上，其实还面临着很多的问题，比如疫情、干旱、饥荒、战争，等等。其实这些危机都没法和小行星撞击地球相比，因为这些问题都不会导致人类作为一个物种从地球上消失。

从天体运行规律来看，小行星撞击地球事件是必然发生的，未来也一定会发生。

根据科学家考证，地球历史上发生了22次不同规模的物种灭绝，其中10次以上与小行星撞击相关；新生代以来就发生了6次因小天体撞击地球诱发的环境灾变与物种灭绝，最近的一次在70万年前。

知识链接

噪点

噪点是图像中一种亮度或颜色信息的随机变化（被拍摄物体本身并没有），通常是电子噪声的表现。一般来说图像对比度越高，噪点越多。噪点是图像拍摄过程中不希望存在的副产品，给图像带来了错误和额外的信息。

而我们人类在地球上生存的历史还不到 10 万年，可记录历史只有几千年——所以历史中没有记载是理所当然的事情。但人类如果想在地球上更加长远地生存发展，就必须考虑小行星撞击问题。

非常遗憾，如此与人类未来发展息息相关的重要问题，截至 2022 年底，全球行星防御累计投入还不到 100 亿元人民币。北京地铁 16 号线，投资 600 亿元人民币。也就是说，全球在小行星防御方面的投入还没有修建 10 千米地铁的费用多。哪怕是为地球的安全未来买一个保险，这个保险也是超值的。

目前为止，美国是在小行星防御方面投入最多的国家。

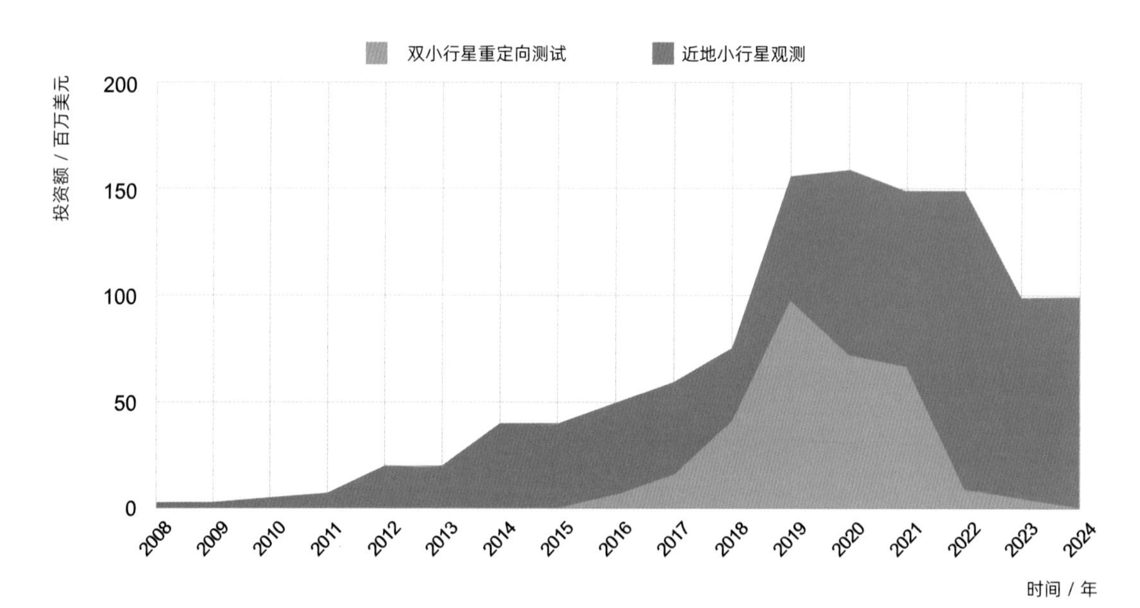

图 6-4　美国国家航空航天局小行星防御投入

三、如何防御小行星

小尺寸小行星没必要防御，大尺寸小行星又防御不了，我们该怎么办？以人类现有科技水平，能够对付得了小行星撞击吗？是不是像有些人说的那样，反正大尺寸小行星来了我们也对付不了，干脆“躺平”了吧！2013 年前，小行星撞击地球就类似一个狼来了的故事，“狼”老不来，很多人觉得就是杞人忧天。但是 2013 年“狼”真的来了，让一部分有识之士认识到小行星撞击地球是可能发生在我们身边的灾难。

科学家发明了九种应对小行星的“武器”。目前公认最成熟可行的是动能撞击技术，2022 年 9 月 27 日美国实施了人类在太空中的首次小行星防御试验，显著改变了被撞击小行星相对主星的轨道，试验效果超出预期。

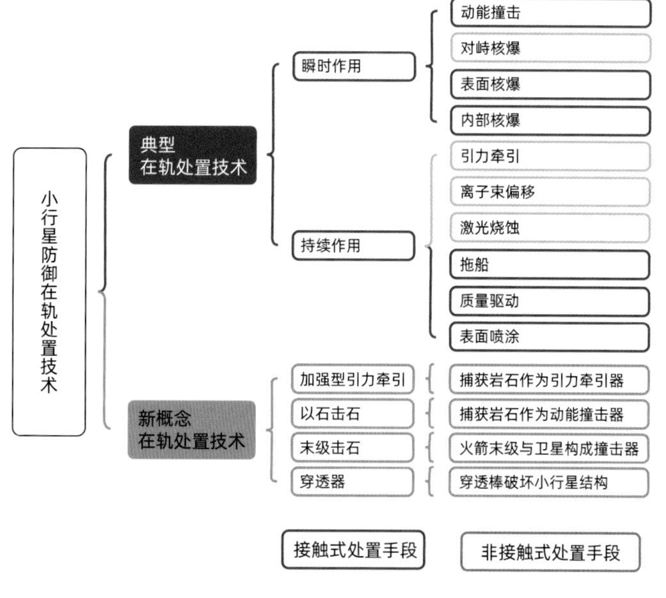

图 6-5 小行星在轨处置技术体系

但对大尺寸小行星撞击，由于航天器与小行星质量相差太

“穿透棒”：小行星末端拦截方案

远，动能撞击防御小行星仍然是“以卵击石”。美国国家航空航天局分析要提前 10 年将直径大概 492 米的贝努小行星偏转 9 000 千米，发现需要使用 75 枚重型火箭发射 75 个撞击器。这对可靠性和成本提出了非常高的要求，难怪人们对防御大尺寸小行星非常悲观。

其实，如果我们开动脑筋，就一定可以想到更好的办法，比如“以石击石”和“末级击石”。按照长征五号的运载能力，以提前 10 年防御直径 340 米的阿波菲斯小行星为例，如果利用传统的动能撞击方式，只能把它偏转 176 千米；但是“以石击石”方式可以把它偏转出 1 800 千米，防御效果约是传统方法的 10 倍。如果动量传递因子为 3.6，偏转距离就接近地球半径。这意味着，我们有可能会在 10 年时间内，利用 1 枚长征五号运载火箭的发射能力可以防御直径 340 米的近地小行星。

有人会说，太难了，又没做过。但人类航天的每个重要突破和进展都是克服了巨大的困难和挑战的，没有哪个重要的技术突破是我们吃着火锅、唱着歌就能把事情办好的。

对于美国国家航空航天局计算需要 75 枚重型火箭才能有效防御直径 492 米的贝努小行星，如果采用“末级击石”的方式，只需要 23 枚“长征五号”运载火箭及撞击器，极大地节省了成本，简化了操作，提高了可靠性。

DART 的效果出乎预料的好——溅射物带来的动量增强效应是航天器本身动量的 2.6 倍，也就是说动量传递因子可能高达 3.6。换句话说，1 枚撞击器对小行星的轨道偏转效果可能相当于原来预计 3.6 枚撞击器的效果。这意味着，我们提前 10 年时间，防御直径 492 米的贝努小行星，可能只需要不到 7 枚“长征五号”运载火箭。

未来，我们还有“长征九号”这样的飞天重器。因此小行星是可防可控的。“大尺寸小行星防御不了”不应该成为人类“躺平”的理由，也不应该成为反对发展行星防御的借口。

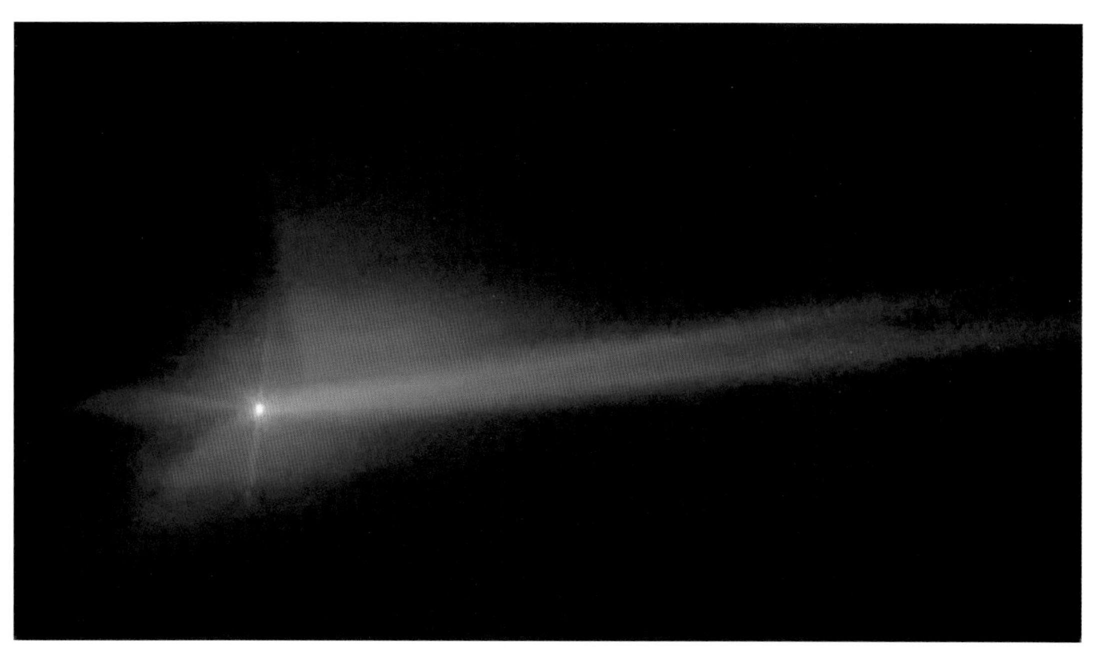

图 6-6　哈勃望远镜拍摄到 DART 产生大量溅射物

四、中国为什么要搞小行星防御?

如果有一天小行星真的要撞击地球，我们能靠“高个子”顶着吗？我们回顾一下疫情防控情况，就会发现，面临危机，国际合作非常重要，但最根本的还是做好我们自己。我们中华民族未来的安全必须牢牢掌握在中国人自己手里。美国白宫科学技术委员会对启动小行星防御的最低行动准则是“直径 50 米的小行星撞击美国人口稠密的地区”。如果小行星撞击在亚洲，显然美国并不会管。

让人非常高兴的是，2021 年中国航天日的开幕式上，中国国家航天局局长张克俭在致辞时指出：“站在新的历史起点，中国航天将论证实施探月工程四期、行星探测工程、建设国际月球科研站和近地小行星防御系统，拉开新时代探索九天的新序章。”这也意味着，小行星防御，中国来了！

小行星撞击是一个概率事件，尽管发生概率极低，但一旦发生，引起的危害性效应巨大，甚至有可能把地球上大部分物种包括人类从地球上抹去。人类现有的科技手段在对付大尺寸小行星时还有些力不从心，所以我们必须找到更加创新高效的防御手段，丰富对付小行星的“武器库”，在小行星真正到来之前做好准备。

第二节　中国近地小行星防御系统

在 2018 年之前，我国从事小行星防御研究的单位以中国科学院天文台系统为主，主要开展近地小行星的监测、预警和特性测量等基础研究探索，尚未形成有组织、有建制的小行星防御研究。

2018 年之后，我国近地小行星防御研究明显加速。2017 年云南香格里拉火流星事件和 2018 年云南西双版纳火流星事件，引发了大量网友的关注，也让专家学者意识到小行星防御的重要性。此后，几乎每年都有引人注目的火流星事件，这从客观上提醒我们，小行星撞击，可能会发生在我们身边。

2018 年 1 月，中国国家航天局正式加入了国际小行星监测预警网络（IAWN）和空间任务规划咨询小组（SMPAG）。这是中国政府层面首次公开参与小行星防御领域的国际合作活动。同时说明，中国国家航天局已经将小行星防御提上工作日程。

2018 年 9 月 13 ～ 14 日，我国召开了以“小行星监测预警、安全防御和资源利用的前沿科学问题及关键技术”为主题的第 634 次香山科学会议，聚焦研讨小行星安全防御问题，不仅有众多学者参与，中国国家航天局也派出了代表。会议上的很多专家学者，成为我国后续的小行星防御计划论证的骨干力量。

2018 ~ 2020 年，我国组织召开了 3 届“全国行星防御研讨会”。

2019 年，“近地小天体调查、防御与开发问题”入选中国科学技术协会发布的 20 个对科学发展具有导向作用、对技术和产业创新具有关键推动作用的重大前沿科学问题和工程技术难题之一。

2020 年，国家航天局牵头组建专家组，针对近地小行星撞击风险应对方案组织论证工作，并对小行星防御领域科研项目进行布局，着手论证制订我国近地小行星撞击风险应对中长期发展规划。

《2021 中国的航天》白皮书提出论证建设近地小行星防御系统。

2021 年 10 月，第一届全国行星防御大会暨第四届全国行星防御研讨会在广西桂林召开，共有 300 多名代表参会，是我国行星防御领域的第一次大规模全国性会议，中国国家航天局局长张克俭为大会致贺信，中国探月工程总师吴伟仁院士为大会主席并作主题报告。

可以认为，2021 年是我国全面开展行星防御业务架构、机制流程、

图 6-7　第一届全国行星防御大会

体系能力建设的肇始之年。

2022 年 3 月，中国工程院院士吴伟仁在《中国工程科学》发表文章《近地小行星撞击风险应对战略研究》，系统总结了关于近地小行星撞击防御方面的国内外进展情况，并展望了关于未来建设近地小行星防御系统的战略思考。

2022 年 4 月，国家航天局副局长吴艳华在接受中央电视台采访时表示，我国还将着手组建近地小行星防御系统，对某一颗有威胁的小行星实施一次既进行抵近观测，又实施就近撞击，就改变它的轨道进行技术试验，这意味着中国小行星防御系统已经进入实际操作阶段。

2022 年 8 月，中国工程院院士吴伟仁在第二届中国空间科学大会上报告了我国首次小行星防御任务进展情况。该任务以“撞评结合”为特色，包括 1 颗撞击器和观测器，将对 1 颗直径 30 米级近地小行星实施撞击并评估轨道偏转效果，观测器将先于撞击器抵达小行星，实现对撞击前、中、后的全程监测，并利用天地结合的方式实现撞击效果评估。

2022 年 11 月，在中国航天大会上，发布了 2022 年宇航领域科学问题与技术难题，“近地小行星快速监测预警与防御技术”位列其中。《国家自然科学基金“十四五”发展规划》将近地小行星防御领域列入优先发展方向，多处提及小行星防御——“近地小行星动力学特性及监测研究”“近地小行星撞击风险以及对地球环境影响的评估”“主动防御关键技术”“大质量动能撞击小行星动态响应与能量传递规律”“近地小行星撞击瞬时作用及引发次生灾害”等。

2023 年 4 月 25 日，在首届深空探测（天都）国际会议上，深空探测实验室发布我国将于 2027 年实施首次小行星防御验证任务，并面向全球开展了行星防御方案征集，有奖征集我国首次小行星防御任务名称和标识、我国首次小行星防御任务方案和未来行星防御任务规划征集。

中国小行星防御规划

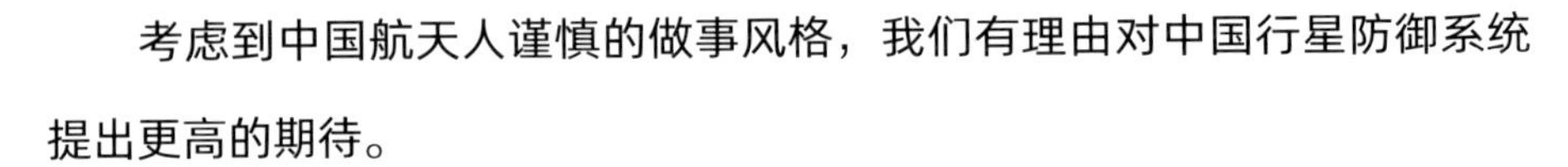

考虑到中国航天人谨慎的做事风格，我们有理由对中国行星防御系统提出更高的期待。

中国首次小行星防御验证任务的设计也极具特色（图 6-8）。从公开的资料看，首次小行星防御任务包括观测一颗观测器和一颗撞击器，两者采用一箭双星的模式发射，观测器先于撞击器抵达小行星并对小行星开展

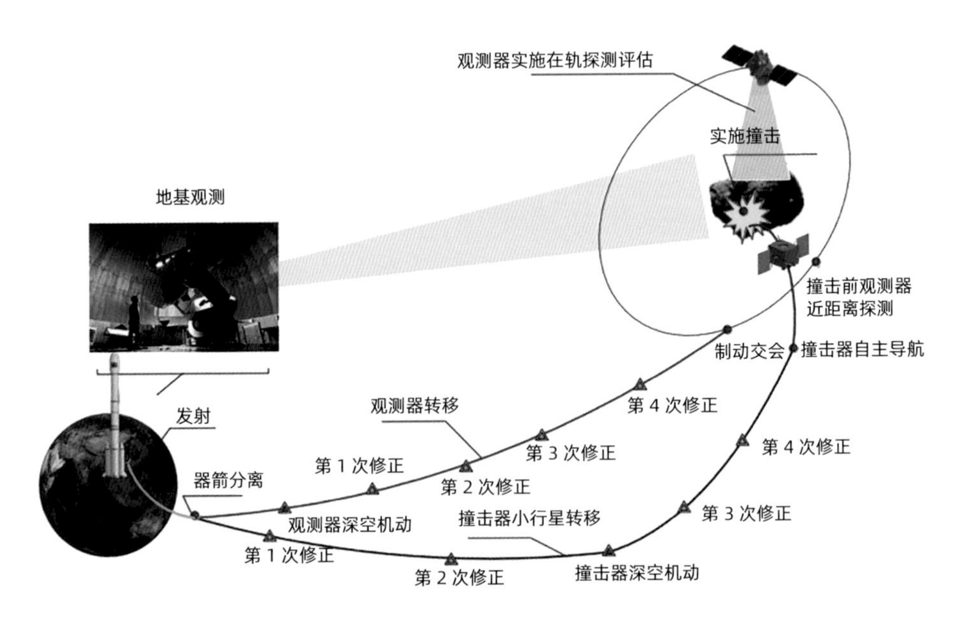

图 6-8 中国首次小行星防御验证任务

观测，在撞击时对撞击过程进行监视，在撞击后评估撞击效果。

首先，这将是世界上首次直接改变 1 颗近地小行星相对太阳的轨道并完成效果评估，与未来的小行星防御场景接近，而美国 DART 任务仅改变了子星绕主星的绕转轨道。

其次，比美国 DART 任务的目标小行星直径更小（仅约 30 米），对导航制导控制技术的挑战更大。在我们可预期的未来，遭遇 30 米级小尺寸近地小行星撞击的概率远大于遭遇 160 米级中等尺寸小行星撞击的概率；很可能，我国对小行星的撞击速度也会远比 DART 任务要高得多，这也意味着难度更大。

最后，任务模式独特，一箭双星发射撞击器和观测器，利用观测器实现撞击前、中、后的全程观测，能够为科学探测提供更多观测数据。而美国 DART 任务仅包含一个立方星观测器，只能对溅射过程做有限的观测，欧洲空间局的“赫拉”小行星防御任务将在数年后才能抵达小行星，届时对撞击效果进行详细考察。

中国小行星监测预警规划

当然，我国首次小行星防御任务的难度也非常大。从任务模式的角度而言，观测器希望尽可能与小行星的位置、速度接近，而撞击器希望能够高速撞击小行星，两者采用同一枚运载火箭发射，这对轨道设计是很大的挑战，涉及低能量轨道逃逸、引力弹弓等理论的巧妙运用；直径

30 米级近地小行星的撞击、更高的撞击速度也对导航制导控制等关键技术提出了挑战；如何直接测量撞击导致的轨道微弱变化也是重要的关键技术。

然而，中国航天人一向不怕挑战难题。如果我国首次小行星防御在轨验证任务成功实施，中国近地小行星防御系统的构建步伐将会显著加速。

未来，中国除了实施动能撞击防御处置技术的在轨验证之外，还会对持续推离等多种防御处置技术开展在轨验证，并发射太空望远镜到深空轨道。中国将携手世界各国，共同构建监视近地小行星动向的天网，共同扎好守卫地球安全的太空篱笆！

第三节 写给未来的地球守门人

小行星撞击是全人类共同面对的重大潜在灾难性威胁，尽管发生概率极低，但一旦发生，可能形成的危害性效应极大，甚至可能导致全球大部分物种灭绝，当然也包括人类。

我们的地球，依然如同一叶扁舟，漂浮在宇宙的汪洋大海中，周围危机四伏，“杀手”小行星随时有可能到来。

但人类对小行星防御的重视程度还远远不够，这显然无法为人类带来可持续发展的未来。目前人类的科技水平还无法有效应对大尺寸小行星和彗星的撞击威胁。

我们不能像恐龙一样把未来的命运交给概率，我们也不能侥幸地祈求小行星的不杀之恩。

在可以预见的未来，很长很长一段时间内，地球还是我们在宇宙中唯一的家园，至少是绝大多数地球人唯一的家园。如果人类想在这颗星球上生存更长时间，如果人类不想重蹈恐龙灭绝的命运，必须重视来自小行星和彗星的威胁。否则，不用等到流浪地球那一天，我们地球就可能因为小行星或彗星撞击而变成人间地狱。地球不会被摧毁，被摧毁的是地球上的生灵。

防御小行星是人类必须完成的任务，天文学、航天技术和空间科学的发展为防御小行星提供了可能。要防御小行星，关键在于“早发现、早预警、早处置”，以及提升防御技术水平。目前绝大多数可以导致城镇级、大中型城市级威胁的小行星，大多数可以导致中小国家级威胁的近地小行星还没有被发现，甚至可以导致全球毁灭的直径千米级的小行星也还存在漏网之鱼，建立先进的监测预警系统是人类当前的重要任务。

尽管人类发明出了应对小行星的九种“武器”，但绝大部分都没有经过在轨验证，即使公认最成熟、最可行的动能撞击防御方案，应对百米级小行星也是以卵击石。要应对小行星撞击威胁，人类还需要设计出更加巧妙、可行的方案。

我们必须不断练习，并推动实施空间任务开展实战演习来检验我们的应对方案、应对技术、应对能力、应对流程和应对机制是否合理可行。我们必须在小行星撞击地球之前，未雨绸缪，才可能在某一天小行星真的撞击地球时，不至于手忙脚乱，手足无措。而这，需要全体地球人的支持。

生活在地球上的每个人，虽然个性不同、生活阅历不同、品位爱好不同，但在面对小行星和彗星撞击时，我们面对同一个命运。我们必须携起手来，目光长远，态度坚定，为未来可能发生的灾难做好准备！

我们的征途是星辰大海，但星辰大海不会永远风平浪静。

行星防御，所计不止千年。人类只是茫茫宇宙中微不足道的沧海一粟，终究也会是时光过客。这一粟虽然渺小，但希望能够保护好这绚丽又娇柔的大千世界、万物生灵。这一粟虽然不免成为时光过客，但期盼能够不负时光，一路生花。

行星防御领域有意义、有挑战，有幸从事这个领域，既责任重大，又无上光荣。胸怀宇宙，天地宽广。

新一代的地球守门人终将是你们，守卫地球安全，需要你们的勇气、决心和智慧！

附录

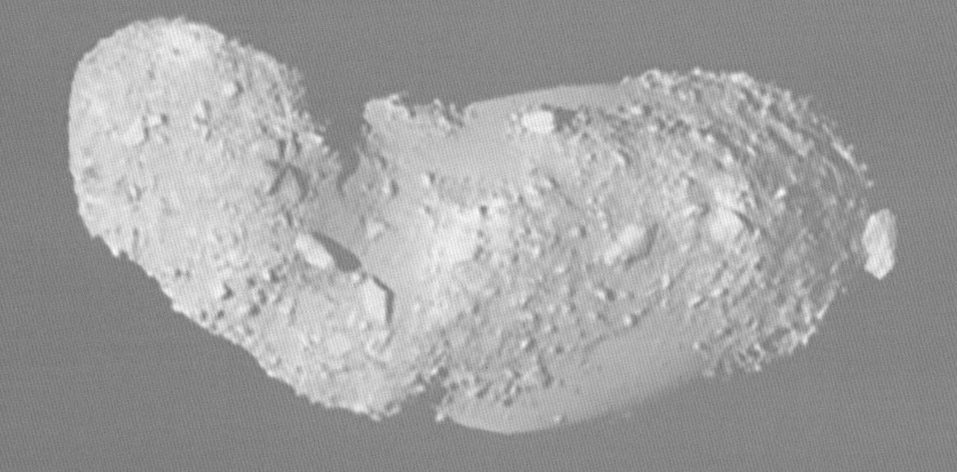

世界小行星防御大事记

◎ 6 500 万年前，希克苏鲁伯撞击事件。

◎ 4.9 万年前，流星撞击坑形成。

◎ 1.2 万年前，新仙女木事件 。

◎公元前 644 年，世界上最早的陨石雨记录是《春秋》中所载：“（鲁僖公）十有六年春，王正月戊申朔，陨石于宋五。”

◎ 1490 年，庆阳陨石雨事件：《明史》记载，“庆阳雨石无数，大小不一，大者如鹅卵，小者如芡实”；《寓园杂记》记载，“庆阳县陨石如雨，大者四五斤、小者二三斤，击死人以万数，一城之人皆窜他所” 。

◎ 1758 年 12 月 25 日，哈雷彗星第一次按照预言出现。

◎ 1801 年 1 月 1 日，意大利天文学家皮亚齐发现第一颗小行星 Ceres（谷神星）。

◎ 1898 年 8 月 13 日，德国天文学家发现第一颗近地小行星 Eros（爱神星）。

◎ 1906 年，巴林杰发表论文提出流星撞击坑的小行星撞击成因。

◎ 1908 年 6 月 30 日，通古斯大爆炸事件。

◎ 1954 年 11 月 30 日，美国妇女安•霍奇斯午睡中被陨石击中腰部。

◎ 1976 年 3 月 8 日，吉林陨石雨事件。

◎ 1980 年，近地小行星发现数量达到 100 颗。

◎ 1982 年，美国 SPACEWATCH 项目开始运行。

◎ 1983 年 5 月 6 日，SPACEWATCH 项目使用 CCD 探测器发现了小行星。

◎ 1991 年 10 月 29 日，“伽利略”探测器飞越探测 Gaspra 小行星，实现人类首次对小行星的抵近探测。

◎ 1993 年 8 月 28 日，“伽利略”探测器飞越 Ida 小行星时，发现其拥有 1 颗卫星。

◎ 1994 年 7 月 17 日，彗木相撞事件。

◎ 1995 年，北京天文台开始利用施密特望远镜开展小行星巡天观测；

◎ 1996 年，美国 LINEAR 和 NEAT 系统开始观测小行星。

◎ 1996 年，都灵指数发布。

◎ 1998 年，美国国会要求美国国家航空航天局十年内编目 90% 直径大于 1 千米的近地小行星。

◎ 1998 年，美国国家航空航天局建立近地天体观测项目，依托喷气推进实验室成立近地天体项目办公室。

◎ 1998 年，美国卡特琳娜巡天系统和 LONEOS 系统开始观测近地小行星。

◎ 1998 年，好莱坞电影《天地大冲撞》《绝世天劫》上映。

◎ 2000 年，近地小行星发现数量超过 1 000 颗。

◎ 2000 年 2 月 14 日，人类首次绕飞探测近地小行星 Eros 433。

◎ 2004 年 6 月 19 日，毁神星被发现，撞击概率一度高达 2.7%。

◎ 2005 年，卡特琳娜巡天系统开始成为发现近地天体最多的望远镜系统。

◎ 2005 年 7 月 3 日，美国国家航空航天局“深度撞击”任务成功以 10.2 千米 / 秒速度击中“坦普尔一号”彗星。

◎ 2005 年，美国国会要求美国国家航空航天局在 2020 年前编目 90% 直径大于 140 米的近地小行星。

◎ 2006 年，紫金山天文台近地天体巡天望远镜开始运行。

◎ 2007 年，近地小行星发现数量超过 5 000 颗。

◎ 2008 年 10 月 7 日，人类成功预警 2008 TC3 小行星撞击地球并回收陨石。

◎ 2009 年 4 月 27 ～ 30 日，第一届行星防御大会在西班牙举办，主办方为国际宇航科学院。

◎ 2010 年，泛星计划全景巡天望远镜开始运行。

◎ 2010 年，NEOWISE 望远镜开始观测小行星，当年发现了 145 颗近地小行星。

◎ 2011 年 5 月 9 ～ 12 日，第二届行星防御大会在罗马尼亚举办。

◎ 2013 年 2 月 15 日，俄罗斯车里雅宾斯克事件。

◎ 2013 年 4 月 3 日，美国应急管理局组织了美国第一次行星防御桌面演习。

◎ 2013 年 4 月 15 ～ 19 日，第三届行星防御大会在美国亚利桑那举办。

◎ 2013 年 6 月，近地小行星发现数量超过 10 000 颗。

◎ 2014 年，国际小行星预警网和空间任务规划咨询小组成立。

◎ 2014 年 5 月，美国应急管理局组织了美国第二次行星防御桌面演习。

◎ 2015 年，DART 任务获得美国国家航空航天局资助。

◎ 2015 年 4 月 13 ～ 17 日，第四届行星防御大会在意大利举办，同期举办了第一次国际行星防御桌面演习。

◎ 2015 年，小行星撞击末端告警系统开始运行。

◎ 2016 年，美国成立行星防御协调办公室，将近地天体办公室更名为近地天体研究中心。

◎ 2016 年 10 月 25 日，美国应急管理局组织了美国第三次行星防御桌面演习。

◎ 2016 年 12 月 6 日，联合国发布决议将 6 月 30 日设为国际小行星日。

◎ 2017 年 5 月 15 ～ 19 日，第五届行星防御大会在日本举办，同期举办了第二次国际行星防御桌面演习。

◎ 2017 年 10 月 19 日，泛星计划全景巡天望远镜发现了首颗星际小天体“奥陌陌”。

◎ 2018 年 6 月，美国发布《国家近地天体应对战略与行动规划》。

◎ 2018 年，欧洲空间局成立行星防御办公室。

◎ 2018 年，第 634 次香山科学会议召开，主题为“小行星监测预警、安全防御和资源利用的前沿科学问题与关键技术”。

◎ 2018 年 12 月，中国国家航天局加入国际小行星预警网和空间任务规划咨询小组。

◎ 2019 年 4 月，近地小行星发现数量超过 20 000 颗。

◎ 2019 年 4 月 29 日至 5 月 3 日，第六届行星防御大会在美国华盛顿举办，同期举办了第三次国际行星防御桌面演习。

◎ 2019 年，欧洲空间局 Comet Interceptor 任务获得资助，将飞越探测原始彗星。

◎ 2019 年，欧洲空间局 Hera 任务获得资助，将于 2026 年绕飞探测“狄迪莫斯”双小行星系统，对 DART 任务撞击坑进行详细考察。

◎ 2019 年 8 月 30 日，发现首颗星际彗星 2I/Borisov。

◎ 2020 年 12 月 23 日，青海玉树火球事件。

◎ 2021 年 4 月 26 ～ 30 日，第七届行星防御大会在奥地利维也纳举办，同期举办了第四次国际行星防御桌面演习。

◎ 2021 年 6 月，美国国家航空航天局批准 NEO Surveyor 天基红外望远镜任务进入初步设计阶段。

◎ 2021 年 4 月，中国国家航天局局长张克俭透露“面向未来，中国航天将论证实施近地小行星防御系统”。

◎ 2021 年 10 月，中国第一届行星防御大会在桂林召开；

◎ 2021 年 11 月 23 日，美国在范登堡太空军基地成功发射 DART 任务航天器。

◎ 2022 年 1 月，国务院新闻办公室发布《2021 中国的航天》，指出：“论证建设近地小天体防御系统，提升监测、编目、预警和应对处置能力”。

◎ 2022 年 2 月 23 ～ 24 日，美国应急管理局组织了美国第四次行星防御桌面演习。

◎ 2022 年 4 月 24 日，中国国家航天局副局长吴艳华透露将实施小行星抵近探测与动能撞击试验。

◎ 2022 年 9 月 27 日，美国 DART 撞击器完成人类首次动能撞击偏转小行星轨道的空间试验。

◎ 2022 年 9 月，近地小行星发现数量超过 30 000 颗。

◎ 2022 年 12 月，美国国家航空航天局宣布 NEO Surveyor 天基红外望远镜任务进入研制阶段，预计 2028 年 6 月前发射到日地系统 L_1 点。

◎ 2022 年，小行星撞击末端告警系统位于南美和南非的望远镜系统开始运行，具备 24 小时可视天区重访能力。

◎ 2023 年 4 月，美国发布新版《国家近地天体危害与行星防御应对战略与行动规划》。

◎ 2023 年 4 月 3 ～ 7 日，第八届行星防御大会在奥地利维也纳举办，同期举办了第五次国际行星防御桌面演习。

◎ 2023 年 4 月，深空探测实验室发布 2027 年实施首次小行星防御试验，并面向全球征集方案。

◎ 2023 年 7 月，第二届全国行星防御大会在新疆伊犁召开。

视频目录